ABAQUES POUR LES INGÉNIEURS ET TECHNICIENS DES INDUSTRIES THERMIQUES

CONDUITE ET CONTRÔLE DES CHAUDIÈRES

40 ABAQUES

AVEC COMMENTAIRES EXPLICATIFS EN TROIS LANGUES,

FRANÇAIS, ALLEMAND, ANGLAIS

POUR LA FRANCE ET SES COLONIES:

COMITE D'EDITIONS TECHNIQUES

21, RUE TURGOT, PARIS (9e)

1936

VERLAG VON R. OLDENBOURG, MÜNCHEN UND BERLIN

Introduction.

La recherche de l'amélioration des rendements et de la qualité des produits fabriqués, conduit de plus en plus les techniciens à abandonner l'appréciation pour le calcul précis et l'empirisme pour une application stricte des lois scientifiques, à la construction et à l'exploitation des machines et des usines. Les anciennes expériences techniques qui permettaient jusqu'à présent aux Ingénieurs de concevoir les faits d'une façon purement intuitive et avec plus ou moins d'exactitude, doivent être complétées aujourd'hui par des calculs à base scientifique, qui constituent à proprement parler l'ossature des travaux techniques de l'ingénieur. C'est spécialement dans le domaine de la technique de la chaleur que des progrés considérables ont été réalisés, au cours des dernières années, par la recherche des moyens assurant une compréhension exacte et sûre des phénomènes.

Toutefois l'exécution des calculs complexes nécessite une grande dépense de temps et d'attention de la part des Ingénieurs des services thermiques. Il est donc très important de leur apporter une assistance efficace, par un moyen leur permettant d'arriver à la meilleure solution, tout en diminuant sensiblement le temps consacré à ces calculs et en leur procurant une conception plus claire et plus approfondie des phénomènes étudiés.

Le meilleur moyen est certainement l'emploi du calcul graphique. En effet à l'aide d'abaques il est facile d'effectuer un calcul très rapidement et en même temps de saisir immédiatement l'influence des divers facteurs. Nous avons donc réuni ci-après 40 abaques se rapportant aux calculs qui se rencontrent le plus souvent dans l'exploitation et la conduite des chaufferies. Pour une plus grande clarté des abaques qui est aussi importante que leur exactitude, nous les avons établis sous la forme de diagrammes qui présentent par rapport aux nomogrammes à points alignés l'avantage de pouvoir être utilisés sans accessoires et de pouvoir être par suite facilement réunis en volume. D'autre part de nombreuses relations, particulièrement dans le domaine des propriétés de la vapeur ne peuvent être représentées mathématiquement et sont par suite difficiles à être utilisés sous forme de nomogrammes.

L'emploi des abaques proposés ne présente aucune difficulté de sorte qu'une instruction spéciale n'est pas nécessaire, D'ailleurs pour chaque abaque un exemple chiffré dans le contexte et représenté en traits pointillés avec flèches de direction sur chaque diagramme, permet de saisir immédiatement le mode d'utilisation. Après quelques calculs effectués l'usager acquiert rapidement une pleine confiance dans les abaques.

Il est à remarquer que pour la recherche des mêmes résultats on peut utiliser plusieurs abaques. Ainsi l'abaque 1 donne pour divers charbons un certain nombre de propriétés si on connait la sorte de charbon considérée. Si on dispose d'une ana-

1*

lyse succinte du charbon (matières volatiles, teneurs en cendres et eau) on peut à l'aide de l'abaque 3 obtenir le pouvoir calorifique de la façon la plus précise et, à l'aide de l'abaque 2, la teneur maximum de fumées en CO_2 et la comparaison en charbon pur. Si au contraire on connait la composition chimique on peut déterminer le pouvoir calorifique à l'aide de l'abaque 4.

Le volume des fumées et la quantité d'air peuvent être aussi déterminés à l'aide de 2 abaques, d'une part, avec une bonne approximation, d'après l'abaque 9 établi d'après Rosin suivant le pouvoir calorifique inférieur et qui convient pour les principaux cas de la pratique, ou d'une façon scientifiquement exacte d'après la composition chimique du combustible à l'aide de l'abaque 11, suivant la part des divers éléments obtenus avec l'abaque 12 en nombre spécifique de molécule kilogrammes.

L'abaque 13 donne la valeur approchée du coefficient d'excès d'air d'après la teneur maximum en CO_2 des fumées. On peut également avec le même abaque obtenir la valeur exacte, après avoir tiré de l'abaque 9 la variation minimum de volume.

Le diverses pertes de la chaudière sont calculables à l'aide des abaques 31, 32, 33 et 34. Une comparaison avec les valeurs moyennes pour divers types de foyers est possible à l'aide de l'abaque 36 qui donne aussi la relation entre les pertes de chaleur et la production de la chaudière.

Le but de la présente réunion d'abaques est de faciliter les calculs de l'ingénieur des services thermiques et par suite d'augmenter l'efficacité de ses efforts puisqu'il lui est possible d'effectuer les calculs nécessaires dans le minimum de temps et sans risques d'erreurs. L'utilité de ces abaques ne peut naturellement être effectivement reconnue qu'au cours de leur emploi pratique. Aussi toutes critiques et suggestions seront reçues avec le plus grand intérêt par les éditeurs qui s'efforceront d'en tenir compte pour l'amélioration des abaques et l'augmentation de leur nombre.

4

Inhaltsverzeichnis.

Register. — Table des Matières.

V. Verluste und Kosten der Dampferzeugung.
Losses and Costs of Steam Generation.
Pertes et coût de la production de la vapeur.

Zeichenerklärung.

Explanation of Abbreviations. — Signification des notations.

a $^0/_0$ Aschengehalt 1, 3, 33
ash content
teneur en cendres

b $^0/_0$ Teillast 35
partial load
charge partielle

b_J h/a   Jahres-Benutzungsdauer 40
load duration per year
nombre d'heures de marche par an

d ^{0} Härtegrad 19
degree of hardness
degré de dureté

e_b kg kg   Brutto-Verdampfzahl 35
evaporation ratio (actual)
coefficient de vaporisation brut

e_n kg kg   Netto-Verdampfzahl 35
evaporation ratio (reduced to steam at 100° from water at 0° C)
coefficient de vaporisation net (rapportée à la vapeur à 100° et à l'eau à 0° C)

f $^0/_0$ flüchtige Bestandteile (der Rohkohle) 3
volatile matter (of rough coal)
teneur en matières volatiles (du charbon brut)

f_{ch} $^0/_0$ flüchtige Bestandteile (bezogen auf Reinkohle) 1, 2, 3
volatile matter (referred to pure coal)
teneur en matières volatiles (rapportée au charbon pur)

$g[\ ]$ $^0/_0$ Gewichtsanteil (der Rohkohle) 3, 12
parts by weight (of rough coal)
proportion en poids (du charbon brut)

$g[\ ]_{ch}$ $^0/_0$ Gewichtsanteil (bezogen auf Reinkohle) 2, 3
parts by weight (referred to pure coal)
proportion en poids (rapportée au charbon pur)

9

$g\,[\mathrm{C}]$ $^0/_0$ Gewichtsanteil des Kohlenstoffs 2, 4, 6
carbon, parts by weight
proportion en poids du carbone

$g\,[\mathrm{H_2}]$ $^0/_0$ Gewichtsanteil des Wasserstoffs 2, 4, 5, 6
hydrogen, parts by weight
proportion en poids de l'hydrogène

$g\,[\mathrm{H_2}]_{\mathrm{disp}}$ $^0/_0$ Gewichtsanteil des disponiblen Wasserstoffs 4
available hydrogen, parts by weight
proportion en poids de l'hydrogène libre

$g\,[\mathrm{O_2}]$ $^0/_0$ Gewichtsanteil des Sauerstoffs 2, 4
oxygen, parts by weight
proportion en poids de l'oxygène

$g\,[\mathrm{O_2}]_{\mathrm{zul}}$ mg/l   zulässiger Sauerstoffgehalt 22
permissible oxygen content
teneur en oxygène pouvant être admise

$g_\iota[\mathrm{S}]$ $^0/_0$ Gewichtsanteil des Schwefels 4
sulphur, parts by weight
proportion en poids du soufre

$g\,[\mathrm{NaOH}]$ mg/l Gehalt an Ätznatron 18
content of sodium hydrate
teneur en soude caustique

$g\,[\mathrm{Na_2CO_3}]$mg/l Gehalt an Soda 18, 20
content of carbonate of soda
teneur en carbonate de sodium

$g\,[\mathrm{Na_2SO_4}]$mg/l Gehalt an Natriumsulfat 20
content of sodium sulphate
teneur en sulfate de sodium

g_s mg/l   Salzgehalt 19
salt content
teneur en sels

g_{sk} mg/l   Salzgehalt des Kesselwassers 20
salt content of the boiler water
teneur en sels de l'eau de la chaudière

g_{sw} mg/l   Salzgehalt des Speisewassers 20
salt content of the feed water
teneur en sels de l'eau d'alimentation

h_{sch} m   Schornsteinhöhe 17
chimney height
hauteur de la cheminée

h_w mm   Wasserhöhe 27, 28
water level
niveau de l'eau

i_v $\dfrac{\mathrm{kcal}}{\mathrm{Nm^3}}$ Verbrennungswärme 14, 31
heat of combustion
chaleur de combustion

10

i_p	$\dfrac{\text{kcal}}{\text{kg}}$	Wärmeinhalt des Dampfes . . . . 23, 25, 30, 35, 39 heat content of steam contenance thérmique de vapeur	
i_R	$\dfrac{\text{kcal}}{\text{Nm}^3}$	Wärmeinhalt der Rauchgase . . . . 15 heat content of flue gases contenance thérmique des gaz de fumée	
i_W	$\dfrac{\text{kcal}}{\text{kg}}$	Wärmeinhalt des Speisewassers . . . . 23, 25, 35, 39 heat content of feed water contenance thérmique de l'eau d'alimentation	
i_{Wo}	$\dfrac{\text{kcal}}{\text{kg}}$	Wärmeinhalt des vorgewärmten Wassers . . . . 30 heat content of preheated water contenance thérmique de l'eau préchauffée	
k_B	M/t	Brennstoffpreis . . . . 39 cost of fuel prix du combustible	
k_{DB}	M/t	Kostenanteil für Brennstoff . . . . 39 fuel costs of steam generation part des dépenses pour le combustible	
k_{DE}	M/t	Kostenanteil für Kapitaldienst . . . . 40 capital charges in steam cost part des dépenses pour la rénumération du capital	
k_E	$\dfrac{\text{M}}{\text{t/h}}$	spezifische Anlagekosten . . . . 40 specific capital costs dépenses spécifiques de premier établissement	
k_Q	$\dfrac{\text{M}}{10^6 \text{ kcal}}$	Wärmekosten . . . . 39 heat costs coût de la calorie	
k_{Qk}	$\dfrac{\text{M}}{10^6 \text{ kcal}}$	Wärmekosten im erzeugten Dampf . . . . 39 heat costs of steam generated coût de la calorie contenue dans la vapeur produite	
l_K	mm	Korngröße . . . . 1 size of coal grosseur des échantillons de charbon	
m_k	$\dfrac{\text{kg}}{\text{m}^2 \text{ h}}$	Heizflächenbelastung. . . . . 23 evaporation, in kg. per sq. metre of heating surface per hour production de vapeur par unité de surface de chauffe	
m_{sp}	$^0/_0$	zusätzliche Speicherleistung . . . . 30 supplementary storage output production d'appoint fournie par l'accumulateur	
m_{Wab}	$^0/_0$	abzulassende Wassermenge . . . . 20 quantity of water to draw off quantité d'eau à évacuer	
m_{Wzus}	$^0/_0$	Zusatzwassermenge . . . . 22 quantity of make-up water quantité d'eau d'appoint	

q_{Ak}	%	Verlust durch Abgaswärme am Kesselende 37	

q_{Ak} % Verlust durch Abgaswärme am Kesselende 37
heat loss by flue gases at the end of the boiler
perte de chaleur par les gaz de fumée à la sortie de la chaudière

q_{Ae} % Verlust durch Abgaswärme hinter dem Vorwärmer 37
heat loss by flue gases leaving the economiser
perte de chaleur par les gaz de fumée à la sortie du pré-
chauffeur

q_0 % Verlust durch Strahlung (und Leitung) 34, 36
heat loss by radiation (and conduction)
perte de chaleur par rayonnement (et conductibilité)

$[q_0]_{mit}$ % mittlerer Verlust durch Strahlung 34
average heat loss by radiation
perte de chaleur moyenne par rayonnement

q_u % Verlust durch unvollkommene Verbrennung 32, 33, 36
heat loss by incomplete combustion
perte de chaleur par combustion incomplète

t_a °C Außentemperatur 17, 31, 34
outside temperature
température extérieure

t_s °C Sättigungstemperatur 24
saturation temperature
température de saturation

t_t °C Taupunkt der Rauchgase. 16
dew point of flue gases
point de rosée des gaz de fumée

t_v °C theoretische Verbrennungstemperatur 14, 15
theoretical temperature of combustion
température de combustion théoretique

t_D °C Dampftemperatur 25, 26
steam temperature
température de la vapeur

t_G °C Gastemperatur 10
gas temperature
température du gaz

t_L °C Lufttemperatur 17, 37
air temperature
température de l'air

t_0 °C Oberflächentemperatur 34
surface temperature
température superficielle

t_R °C Rauchgastemperatur 10, 15, 17, 31
temperature of flue gases
température des gaz de fumée

t_W °C Wassertemperatur 21, 22, 30, 37
water temperature
température de l'eau

13

14

$v\,[CH_4]$ %   Volumanteil des Methans.   6
methane, parts by volume
proportion en volume du méthane

$v\,[C_mH_n]$ %   Volumanteil der schweren Kohlenwasserstoffe   6
heavy hydrocarbons, parts by volume
proportion en volume des hydrocarbures lourds

w %   Wassergehalt der Kohle 1, 3, 4, 5
moisture content of coal
teneur en eau du charbon

y a   Lebensdauer   40
life duration
durée

z $\dfrac{Mol}{100\,kg}$ spezifische Molzahl   11
specific mol number
nombre spécifique des molécules kilogrammes

$z\,[C]$ $\dfrac{Mol}{100\,kg}$ spezifische Molzahl des Kohlenstoffs   11
specific mol number of carbon
nombre spécifique des molécules kg. du carbone

$z\,[H_2]$ $\dfrac{Mol}{100\,kg}$ spezifische Molzahl des Wasserstoffs   11
specific mol number of hydrogen
nombre spécifique des molécules kg. de l'hydrogène

$z\,[O_2]$ $\dfrac{Mol}{100\,kg}$ spezifische Molzahl des Sauerstoffs   11
specific mol number of oxygen
nombre spécifique des molécules kg. de l'oxygène

$z\,[N_2]$ $\dfrac{Mol}{100\,kg}$ spezifische Molzahl des Stickstoffs   11
specific mol number of nitrogen
nombre spécifique des molécules kg. de l'azote

$z\,[H_2O]$ $\dfrac{Mol}{100\,kg}$ spezifische Molzahl des Wassers   11
specific mol number of water
nombre spécifique des molécules kg. de l'eau

$A_{D\,max}$ m³/h   höchste Verdampfungsfähigkeit   27
maximum evaporative capacity
capacité maxima de vaporisation

A_{l} $\dfrac{10^3\,m^3}{h}$ stündliche Luftmenge 37, 38
quantity of air per hour
quantité d'air par heure

A_{w} m³/h   stündliche Wassermenge   38
quantity of water per hour
quantité d'eau par heur

D_{sp} m   Durchmesser des Behälters   28
diameter of container
diamètre du réservoir

F_k m²   Heizfläche des Kessels 23, 34
heating surface of the boiler
surface de chauffe de la chaudière

16

17

1

Eigenschaften deutscher Kohlenarten.

Properties of German Coals. — Propriétés des charbons allemands.

		Gebiet	district	provenance	Ruhr
H_{chu}	$\dfrac{\text{kcal}}{\text{kg}}$	Kohlenart	kind of coal	nature du charbon	FK
		unterer Heizwert der Reinkohle	net calorific value (referred to pure coal)	puissance calorifique nette (rapportée au charbon pur)	8 350
a	%	Aschengehalt	ash content	teneur en cendres	$4 \div 12$
w	%	Wassergehalt	moisture content	teneur en eau	$1 \div 5$
f_{ch}	%	flüchtige Bestandteile (Reinkohle)	volatile matter (of pure coal)	teneur en matières volatiles (du charbon pur)	$19 \div 30$
l_k	mm	Korngröße	size of coal	grosseur des échantillons de charbon	Nuß 11 $= 25/50$

Kohlenarten. — Kinds of coal. — Nature du charbon.

AK	Anthrazit	anthracite	anthracite
AB	Anthrazit-Brikett	anthracite briquette	briquette d'anthracite
BB	Braunkohlen-Brikett	lignite briquette	briquette de lignite
BK	Rohbraunkohle	raw lignite	lignite
$Bs\,K$	Braunkohlenstaub	lignite dust	poussière de lignite
EK	Eßkohle	forge coal	charbon de forge
FK	Fettkohle	rich coal	charbon gras
$Fh\,K$	Halbfettkohle	semi-bituminous coal	charbon demi-gras
GK	Gaskohle	gas coal	charbon à gaz
$Gf\,K$	Gasflammkohle	open burning coal	charbon à longues flammes
PK	Pechkohle	pitch-coal	charbon bitumineux
SB	Steinkohlen-Brikett	coal briquette	briquette de houille
$Z\,Ks$	Zechenkoks	coke-oven coke	coke

Marcard, Rostfeuerungen. Berlin 1934.
—, Ruhrkohlen-Handbuch. Essen 1932.

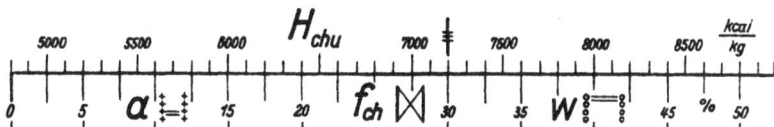

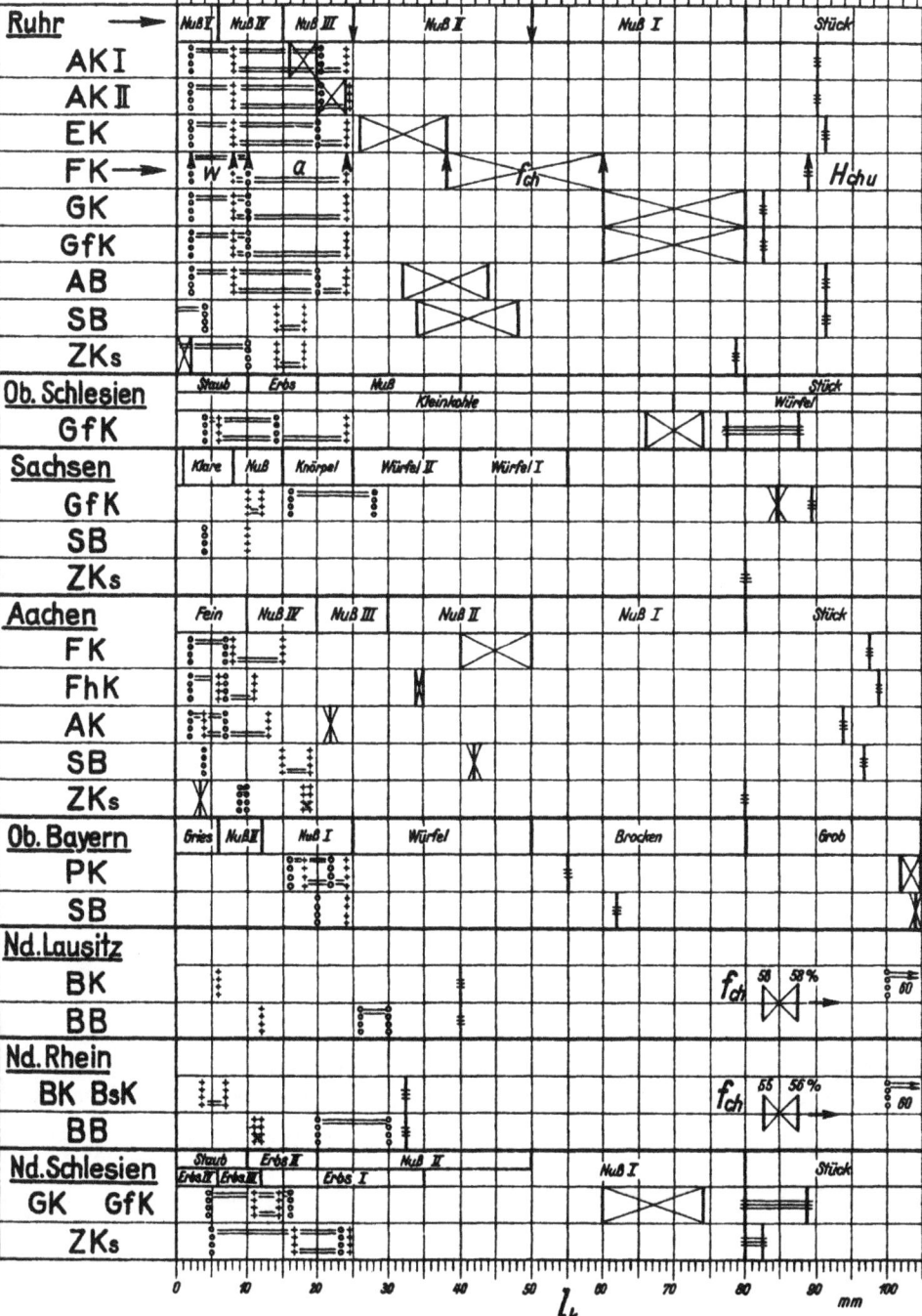

Einfluß der flüchtigen Bestandteile.

Influence of the Volatile Matter. — Influence des matières volatiles.

f_{ch}	$\%$	flüchtige Bestandteile (der Reinkohle)	volatile matter (referred to pure coal)	matière volatile (rapportée au charbon pur)	32
$g\,[C]_{ch}$	$\%$	Gewichtsanteil (bez. auf Reinkohle) des Kohlenstoffs	parts by weight (pure coal) of carbon	proportion en poids (charbon pur) du carbone	84,0
$g\,[H_2]_{ch}$	$\%$	des Wasserstoffs	of hydrogen	de l'hydrogène	5,5
$g\,[O_2]_{ch}$	$\%$	des Sauerstoffs	of oxygen	de l'oxygène	10,5
$H_{ch\,o}$	$\dfrac{kcal}{kg}$	oberer Heizwert (Reinkohle)	gross calorific value (pure coal)	puissance calorifique brute (charbon pur)	8500
$H_{ch\,u}$	$\dfrac{kcal}{kg}$	unterer Heizwert (Reinkohle)	net calorific value (pure coal)	puissance calorifique nette (ch.p.)	8180
$v\,[CO_2]_{max}$	$\%$	Höchstgehalt der Rauchgase an Kohlensäure	maximum carbon dioxide, parts by volume	proportion en volume maxima de l'acide carbonique	18,7

Gumz, W., Feuerungstechnisches Rechnen. Leipzig 1931.
Schultes, W., Das It-Diagramm bei Feuerungsuntersuchungen. Arch. Wärmew., Bd. 13 (1932), S. 243.
—, Handbuch der Brennstofftechnik (Koppers A.G.). Essen 1928.

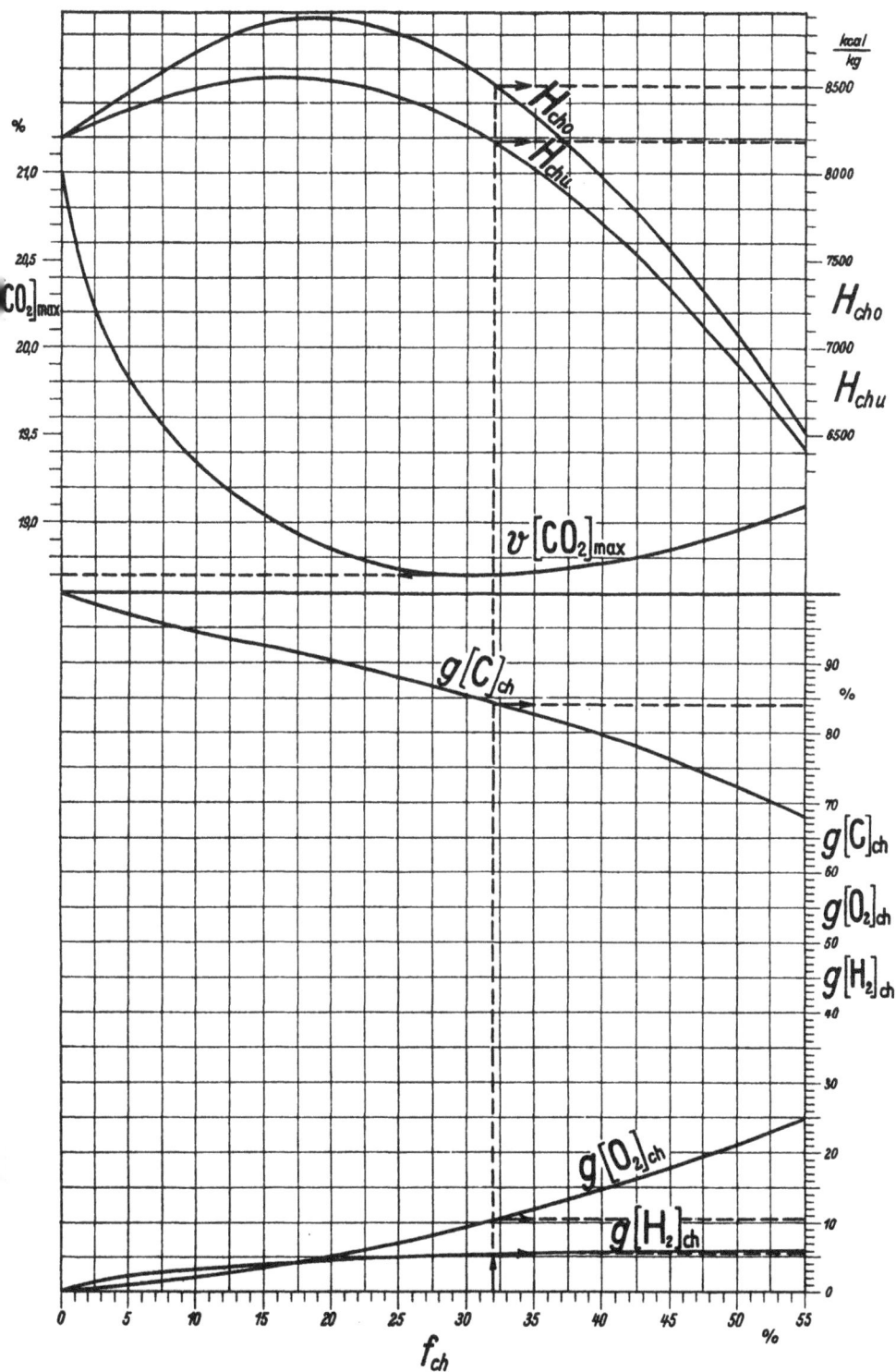

Umrechnung auf Reinkohle.

Reduction to Pure Coal. — Equivalences en charbon pur.

a	$^0/_0$	Aschengehalt	ash content	teneur en cendres	6,5
w	$^0/_0$	Wassergehalt	moisture content	teneur en eau	5,0

①

f_{ch}	$^0/_0$	flüchtige Bestandteile (Reinkohle)	volatile matter (pure coal)	matières volatiles (charbon pur)	32,0
f	$^0/_0$	flüchtige Bestandteile (Rohkohle)	volatile matter (rough coal)	matières volatiles (charbon brut)	28,3

②

$g\,[O_2]_{ch}$	$^0/_0$	Gewichtsanteil des Sauerstoffs (Reinkohle)	oxygen, parts by weight (pure coal)	proportion en poids de l'oxygène (charbon pur)	10,5
$g\,[O_2]$	$^0/_0$	Gewichtsanteil des Sauerstoffs (Rohkohle)	oxygen, parts by weight (rough coal)	proportion en poids de l'oxygène (charbon brut)	9,3

③

$H_{ch\,o}$	$\dfrac{kcal}{kg}$	oberer Heizwert (Reinkohle)	gross calorific value (pure coal)	puissance calorifique brute (charbon pur)	8500
H_o	$\dfrac{kcal}{kg}$	oberer Heizwert (Rohkohle)	gross calorific value (rough coal)	puissance calorifique brute (charbon brut)	7520

$$f_{ch} = \frac{100}{100 - a - w} \cdot f$$

$$H_{ch} = \frac{100}{100 - a - w} \cdot H$$

$$g\,[\ ]_{ch} = \frac{100}{100 - a - w} \cdot g\,[\ ]$$

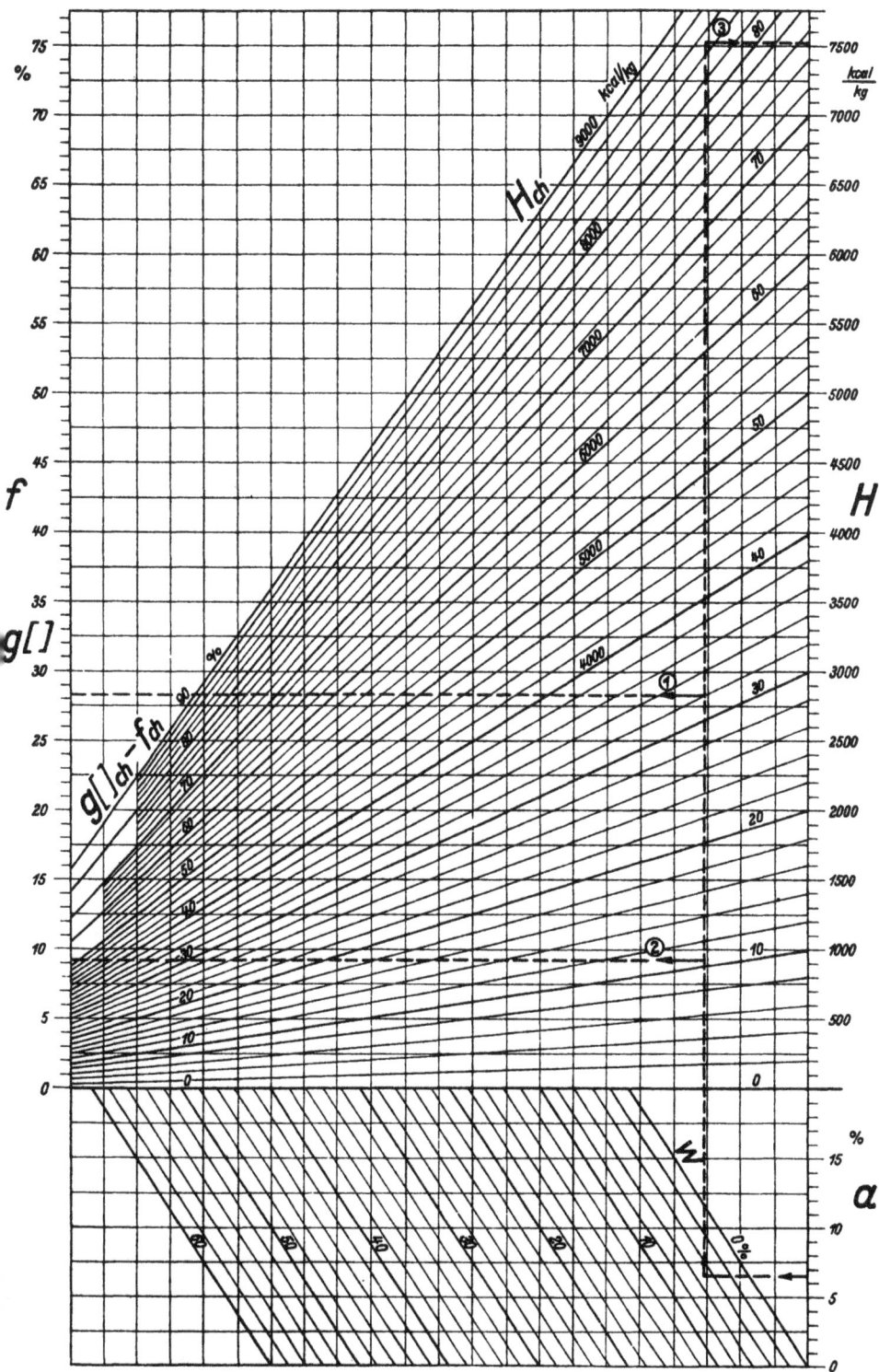

Heizwert aus der Zusammensetzung der Kohle
(nur Steinkohle).

Calorific Value from the Composition of Coal (bituminous coal only).

Puissance calorifique d'après la composition du charbon (charbon bitumineux
seulement).

$g\,[H_2]$	$\%$	Gewichtsanteil des Wasserstoffs	parts by weight of hydrogen	proportion en poids de l'hydrogène	4,8
$g\,[O_2]$	$\%$	des Sauerstoffs	of oxygen	de l'oxygène	9,3
$g\,[H_2]_{disp}$	$\%$	des disponiblen Wasserstoffs	of available hydrogen	de l'hydrogène libre	3,64
$g\,[S]$	$\%$	des Schwefels	of sulphur	du soufre	1,5
w	$\%$	des Wassers	of water	de l'eau	5,0
$g\,[C]$	$\%$	des Kohlenstoffs	of carbon	du carbone	75,0
H_u	$\dfrac{kcal}{kg}$	unterer Heizwert	net calorific value	puissance calorifique nette	7140

$$H_u = 81\,g\,[C] + 290 \left(g\,[H_2] - \frac{g\,[O_2]}{8} \right) + 25\,g\,[S] - 6\,w$$

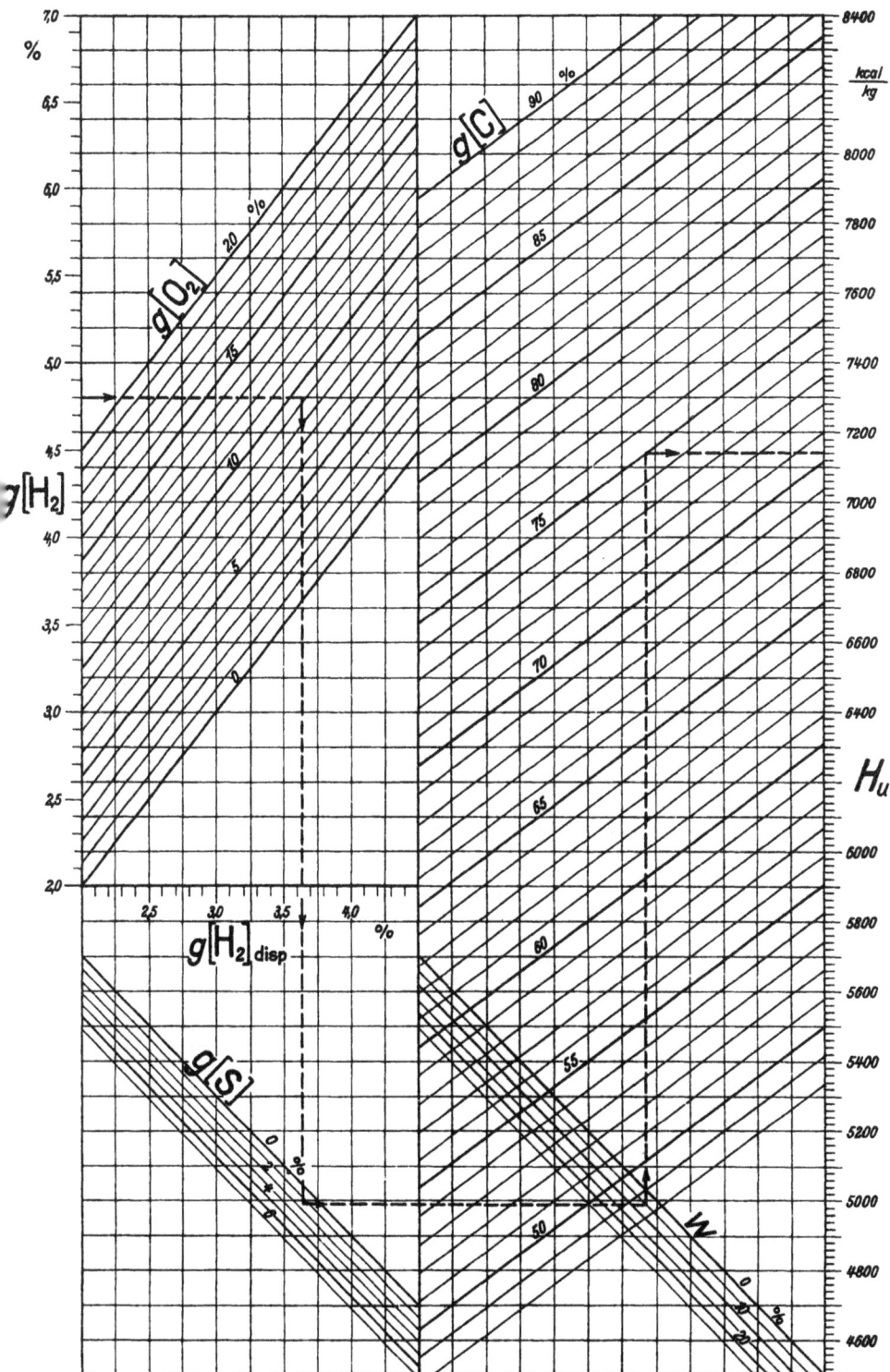

Oberer und unterer Heizwert.

Gross and Net Calorific Value. — Puissance calorifique brut et net.

①

H_o	$\dfrac{\text{kcal}}{\text{kg}}$	oberer Heizwert	gross calorific value	puissance calorifique brute	7520
$g\,[\text{H}_2]$	$^o/_o$	Gewichtsanteil des Wasserstoffs	hydrogen, parts by weight	proportion en poids de l'hydrogène	5,5
w	$^o/_o$	Wassergehalt	water content	teneur en eau	5,0
H_u	$\dfrac{\text{kcal}}{\text{kg}}$	unterer Heizwert	net calorific value	puissance calorifique nette	7190

Einfluß der Kohlentrockenheit. — Influence of the Dryness of Coal. — Influence du degré de siccité du charbon.

②

H_{u1}	$\dfrac{\text{kcal}}{\text{kg}}$	unterer Heizwert (der feuchten Kohle)	net calorific value (of the wet coal)	puissance calorifique nette (du charbon humide)	2230
w_1	$^o/_o$	Wassergehalt (der feuchten Kohle)	water content (of the wet coal)	teneur en eau (du charbon humide)	55
w_2	$^o/_o$	Wassergehalt (der trockenen Kohle)	water content (of the dry coal)	teneur en eau (du charbon sec)	15
H_{u2}	$\dfrac{\text{kcal}}{\text{kg}}$	unterer Heizwert (der trockenen Kohle)	net calorific value (of the dry coal)	puissance calorifique nette (du charbon sec)	2470

$$\boxed{H_o = H_u + 54\,g\,[\text{H}_2] + 6\,w}$$

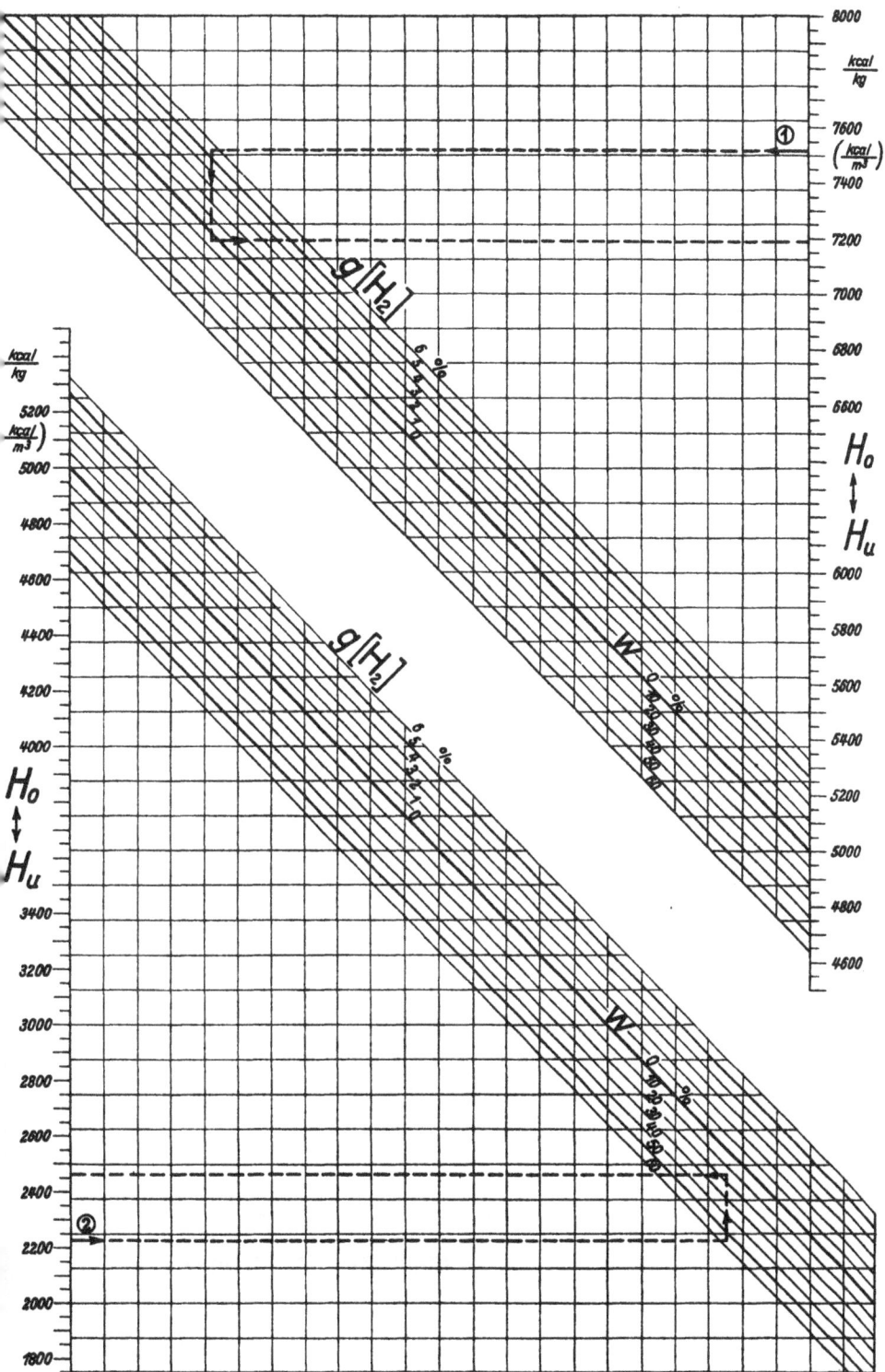

Eigenschaften flüssiger und gasförmiger Brennstoffe.

Properties of Liquid and Gaseous Fuels. — Propriétés des combustibles liquides et gazeux.

I. flüssig. — liquid. — liquide.

		Brennstoffart	kind of fuel	nature du combustible	FB C_6H_6
μ		Molekulargewicht	molecular weight	poids moléculaire	78
H_u	$\dfrac{kcal}{kg}$	unterer Heizwert	net calorific value	puissance calorifique nette	9600
H_o	$\dfrac{kcal}{kg}$	oberer Heizwert	gross calorific value	puissance calorifique brute	10000
$g[C]$	%	Gewichtsanteil des Kohlenstoffs	carbon, parts by weight	proportion en poids du carbone	92,2
$g[H_2]$	%	des Wasserstoffs	hydrogen, parts by weight	proportion en poids de l'hydrogène	7,8

II. gasförmig. — gaseous. — gazeux.

		Brennstoffart	kind of fuel	nature du gaz	GB KsG
μ		Molekulargewicht	molecular weight	poids moléculaire	11,5
H_u	$\dfrac{kcal}{Nm^3}$	unterer Heizwert	net calorific value	puissance calorifique nette	4300
H_o	$\dfrac{kcal}{Nm^3}$	oberer Heizwert	gross calorific value	puissance calorifique brute	4800
$v[H_2]$	%	Volumanteil des Wasserstoffs	parts by volume of hydrogen	proportion en volume de l'hydrogène	50
$v[CO]$	%	des Kohlenoxyds	of carbon monoxide	de l'oxyde de carbone	8
$v[CH_4]$	%	des Methans	of methane	du méthane	29
$v[C_mH_n]$	%	der ungesättigten ·Kohlenwasserstoffe	of heavy hydrocarbons	des hydrocarbures lourds	4
$v[CO_2]$	%	der Kohlensäure	of carbon dioxide	de l'acide carbonique	2
$v[N_2]$	%	des Stickstoffs	of nitrogen	de l'azote	7

Gasarten. — Kinds of Gas. — Nature de gaz.

SG		Steinkohlen-Schwelgas	gas from low-temperature carbonisation of coal	gaz de houille à distillation lente
LtG		Leuchtgas	lighting gas	gaz d'éclairage
KsG		Koksofengas	coke-oven gas	gaz de four à coke
WG		Wassergas	water gas	gaz à l'eau
MiG		Mischgas	Dowson gas	gaz mixte
MoG		Mondgas	Mondgas	gaz Mond
LuG		Luftgas	air gas	gaz à l'air
GG		Gichtgas	blast-furnace gas	gaz de haut-fourneau

Hütte, 25. Aufl., Bd. I. Berlin 1925.

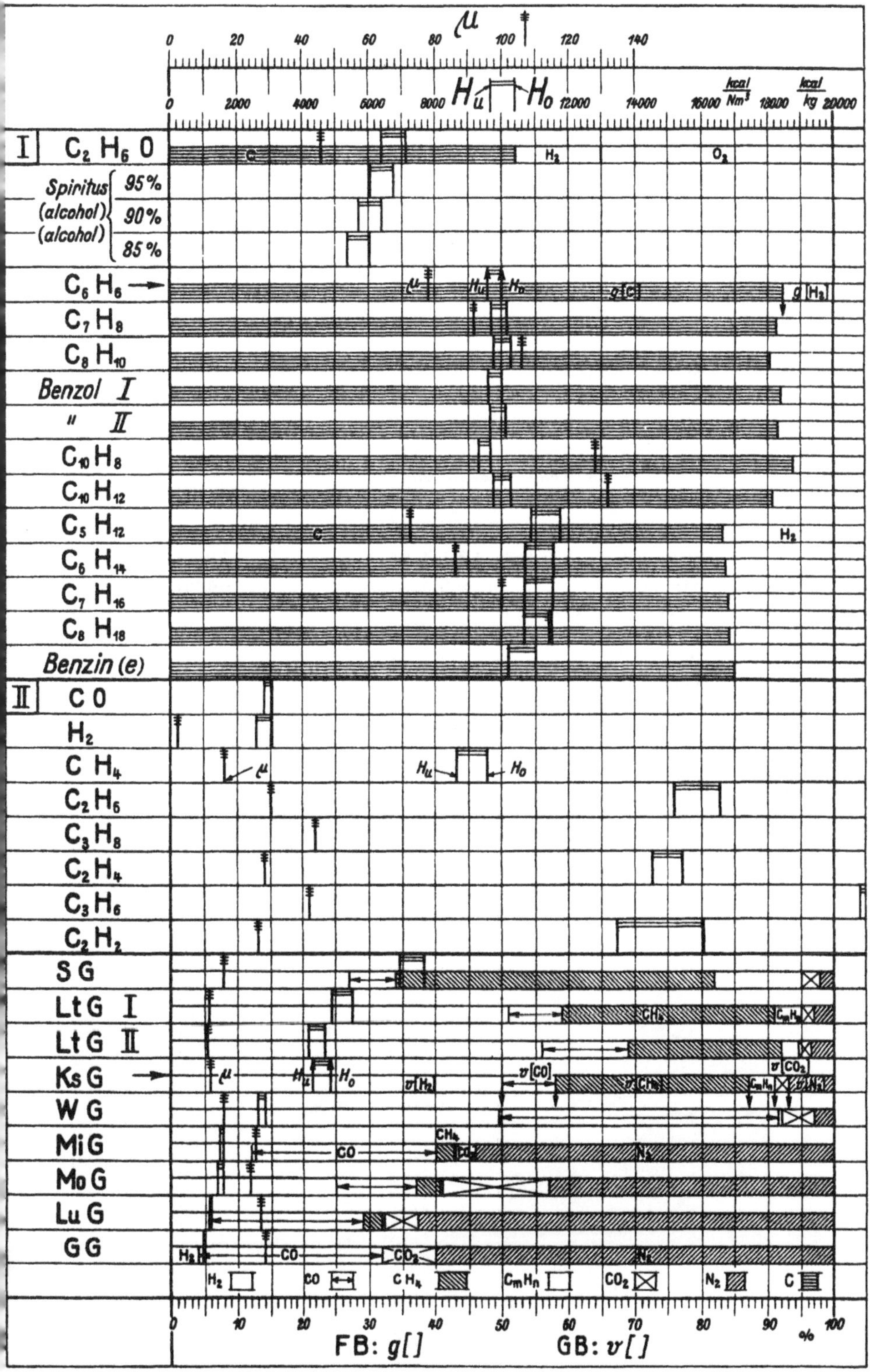

μ

0 20 40 60 80 100 120 140

0 2000 4000 6000 8000 10000 12000 14000 16000 18000 20000

H_u | H_o kcal/Nm³ kcal/kg

| I | C_2H_6O | | H_2 | O_2 |

Spiritus (alcohol) 95%
(alcohol) 90%
85%

$C_6H_6 \rightarrow$ μ H_u H_o $z[C]$ $g[H_2]$

C_7H_8

C_8H_{10}

Benzol I

" II

$C_{10}H_8$

$C_{10}H_{12}$

C_5H_{12} H_2

C_6H_{14}

C_7H_{16}

C_8H_{18}

Benzin (e)

| II | C O |

H_2

CH_4 H_u H_o

C_2H_6

C_3H_8

C_2H_4

C_3H_6

C_2H_2

S G

Lt G I CH_4 C_mH_n

Lt G II

Ks G $\rightarrow$ μ H_u H_o $v[H_2]$ $v[CO]$ $v[CO_2]$ $z[CH_4]$ C_mH_n N_2

W G

Mi G CH_4 CO CO_2 N_2

Mo G

Lu G

G G H_2 CO CO_2 N_2

H_2 □ CO ↔ CH_4 ▨ C_mH_n □ CO_2 ⊠ N_2 ▨ C ▥

0 10 20 30 40 50 60 70 80 90 100 %

FB: g[ ] GB: v[ ]

Volumen und Gewicht des Brennstoffs.

Volume and Weight of Fuel. — Volume et poids des combustibles.

		Brennstoffart	kind of fuel	nature du combu- stible	$Ru\,SK$
γ_{B}	$\dfrac{t}{m^3}$	spezifisches Gewicht des Brennstoffs	specific gravity of fuel	poids spécifique du combustible	0,800/860
V_{B}	m^3	Volumen des Brenn- stoffs	volume of fuel	volume du combu- stible	360
G_{B}	t	Gewicht des Brenn- stoffs	weight of fuel	poids du combu- stible	288/310

Brennstoffarten. — Kinds of Fuel. — Natures des combustibles.

SK	Steinkohle	bituminous coal	charbon bitumineux
oS	Oberschlesien		
nS	Niederschlesien		
Sa	Sachsen		
Ru	Ruhr		
BK	Braunkohle	lignite	lignite
FT	feuchter Torf	wet peat	tourbe humide
TT	trockener Torf	dry peat	tourbe sèche
GKs	Gaskoks	gas coke	coke de gaz
ZKs	Zechenkoks	coke	coke
BH	Buchenholz	beech wood	bois de hêtre
FH	Fichtenholz	pine wood	bois de pin

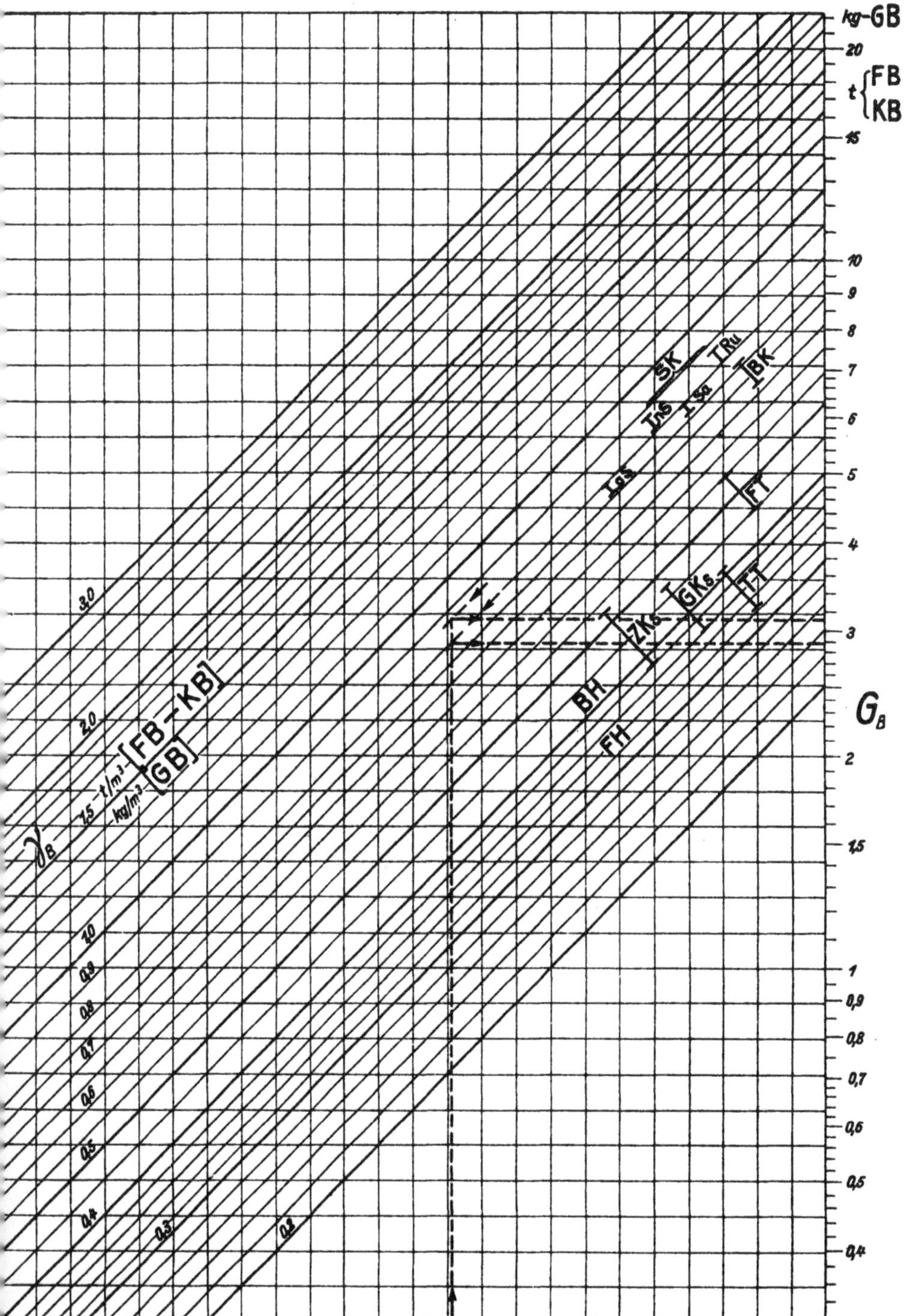

kg-GB
t {FB KB}
G_B
V_B
m³
γ_B
t/m³ - [FB-KB]
kg/m³ - [GB]
BH
FH
ZKs
GKs
TT
FT
BK
SK
TRu
InS
ISa
LgS

Feuerungsleistung.

Rate of Combustion. — Allure de la combustion.

H_u	$\dfrac{kcal}{kg}$	unterer Heizwert	net calorific value	puissance calorifique nette	7100
$M_{\scriptscriptstyle B}$	t/h	stündlicher Brennstoffverbrauch	consumption of fuel per hour	consommation horaire de combustible	1,35
Q_f	$\dfrac{10^6\,kcal}{h}$	Feuerungsleistung	rate of combustion	allure de la combustion	9,6

$$①$$

V_f	m^3	Feuerraum	volume of combustion chamber	volume de la chambre de combustion	34
q_f	$\dfrac{10^6\,kcal}{m^3\,h}$	Feuerraum-Wärmebelastung	thermal loading of combustion chamber	quantité de chaleur dégagée par unité de volume de la chambre de combustion	0,282

$$②$$

F_r	m^2	Rostfläche	grate area	surface de grille	16
q_r	$\dfrac{10^6\,kcal}{m^2\,h}$	Rost-Wärmebelastung	thermal loading of grate	quantité de chaleur dégagée par unité de surface de la grille	0,6

$$Q_f = H_u \cdot M_{\scriptscriptstyle B} \qquad q_f = \frac{Q_f}{V_f} \qquad q_r = \frac{Q_f}{F_r}$$

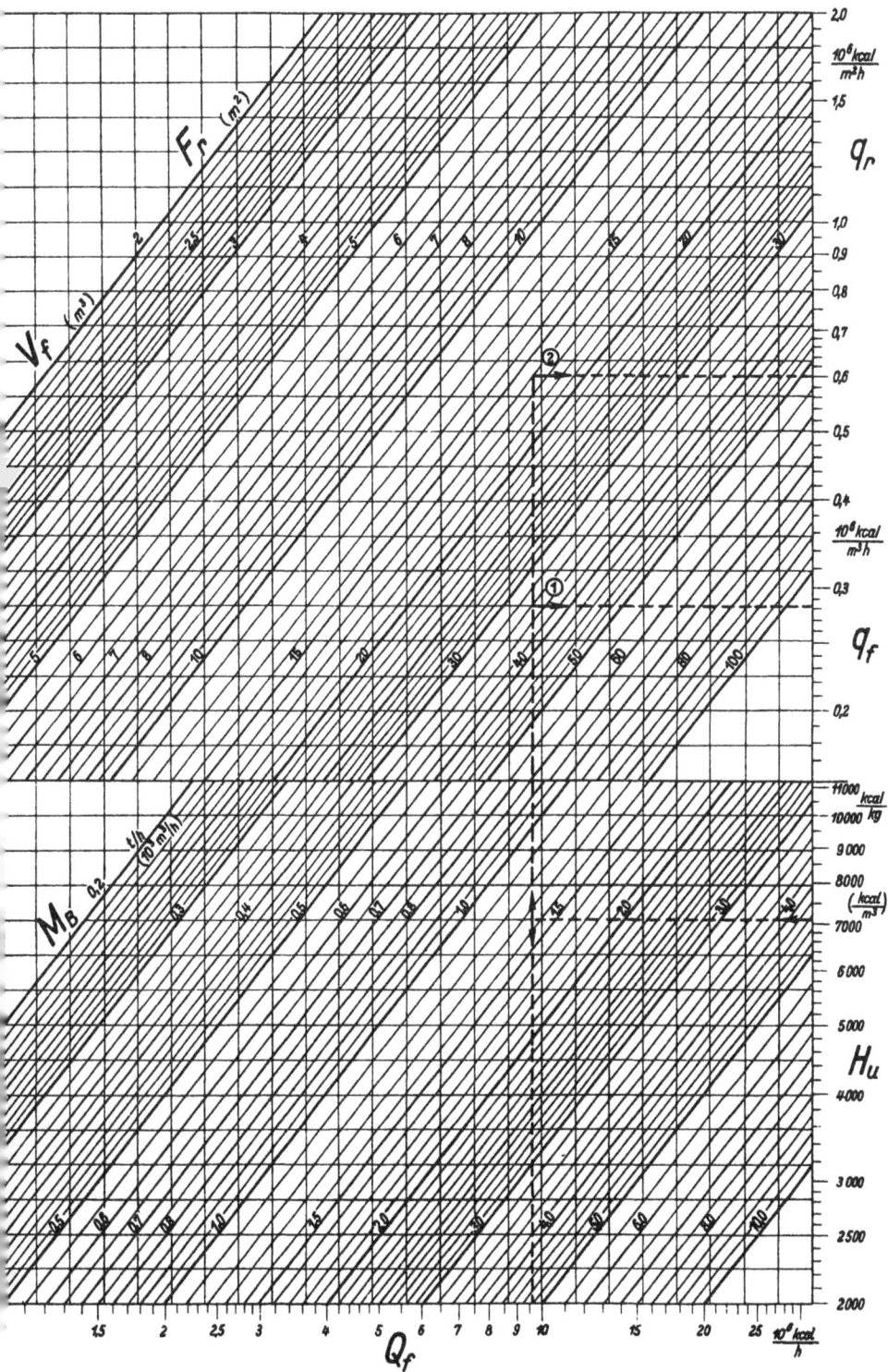

Rauchgasvolumen.

Volume of Flue Gases. — Volume des gaz de fumée.

		Brennstoffart	kind of fuel	nature du combustible	① KB /kg	② GB /Nm³
H_u	$\dfrac{\text{kcal}}{\text{kg}}$	unterer Heizwert	net calorific value	puissance calorifique nette	7100	4300
$V_{L\,min}$	$\dfrac{\text{Nm}^3}{\text{kg}}$	Mindest-Luftbedarf	minimum quantity of air required	quantité minima d'air nécessaire	7,67	4,43
$V_{R\,min}$	$\dfrac{\text{Nm}^3}{\text{kg}}$	Mindest-Rauchgasvolumen	minimum volume of flue gases	volume minimum des gaz de fumée	7,97	5,15
λ		Luftüberschußzahl	excess air ratio	coefficient d'excès d'air	1,35	1,25
V_{R_0}	$\dfrac{\text{Nm}^3}{\text{kg}}$	Rauchgasvolumen (bez. auf Normalzustand)	volume of flue gases (referred to 0° C and 760 mm Hg)	volume des gaz de fumée (rapportès à 0° et 760 mm de mercure)	10,65	6,26
$\varepsilon = \dfrac{V_{R\,min}}{V_{L\,min}}$		Mindest-Volumveränderung bei der Verbrennung	minimum change of volume on combustion	variation minima de volume due à la combustion	1,04	1,16

Brennstoffarten. — Kind of Fuel. — Nature de combustible.

KB	fester Brennstoff	solid fuels	combustibles solides
FB	flüssiger Brennstoff	liquid fuels	combustibles liquides
GB	gasförmiger Brennstoff	gaseous fuels	combustibles gazeux

$$V_{R_0} = V_{R\,min} + (\lambda - 1)\, V_{L\,min}$$

Rosin-Fehling, It-Diagramm der Verbrennung. Berlin 1929.

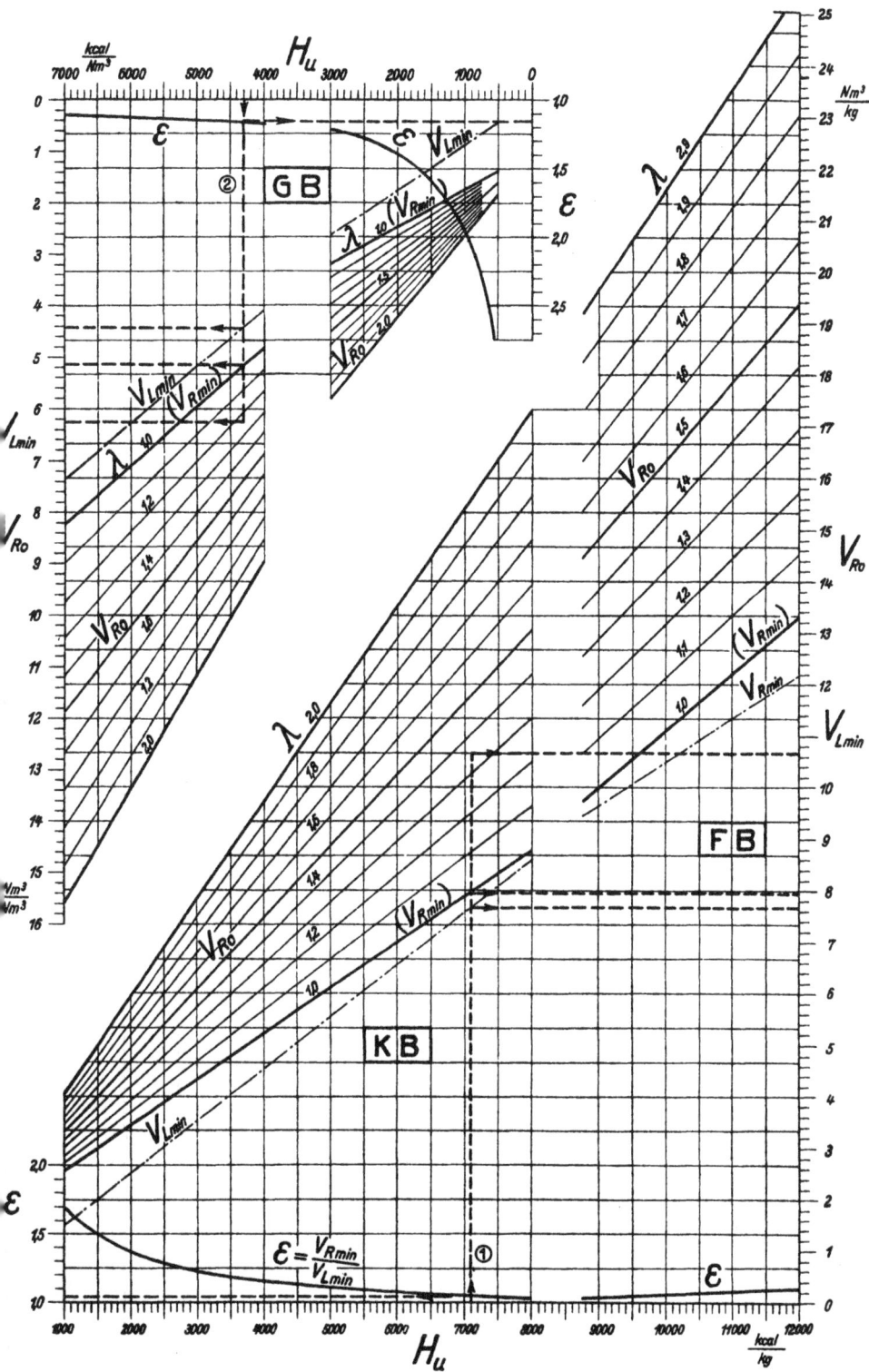

Umrechnung des Gasvolumens.

Conversion of Gas Volume. — Conversion du volume des gaz.

$$\textcircled{1}$$

V_{R_0}	$\dfrac{\text{Nm}^3}{\text{kg}}$	Rauchgasvolumen (bezogen auf 0⁰ C und 760 mm Hg)	volume of flue gases (referred to 0⁰ C and 760 mm Hg)	volume des gaz de fumée (rapportés à 0⁰ C et 760 mm de mercure)	10,6
t_R	⁰C	Rauchgastemperatur	temperature of flue gases	température des gaz de fumée	190
p_R	at abs	Druck der Rauchgase	pressure of flue gases	pression des gaz de fumée	0,99
V_R	m³	wirkliches Rauchgasvolumen	actual volume of flue gases	volume réel des gaz de fumée	19,0

$$\textcircled{2}$$

Bestimmung des spezifischen Volumens. — Determination of the Specific Volume. — Détermination du volume spécifique.

		Gasart	kind of gas	nature de gaz	Luft (air)
R		Gaskonstante	gas constant	constante des gaz	29
t_G	⁰C	Gastemperatur	gas temperature	température du gaz	35
p_G	at abs	Gasdruck	gas pressure	pression du gaz	6,0
v_G	$\dfrac{\text{m}^3}{\text{kg}}$	spezifisches Gasvolumen	specific volume of the gas	volume spécifique du gaz	0,149

$$\boxed{v_G = \frac{R \cdot (t_G + 273)}{10^4 \cdot p_G}}$$

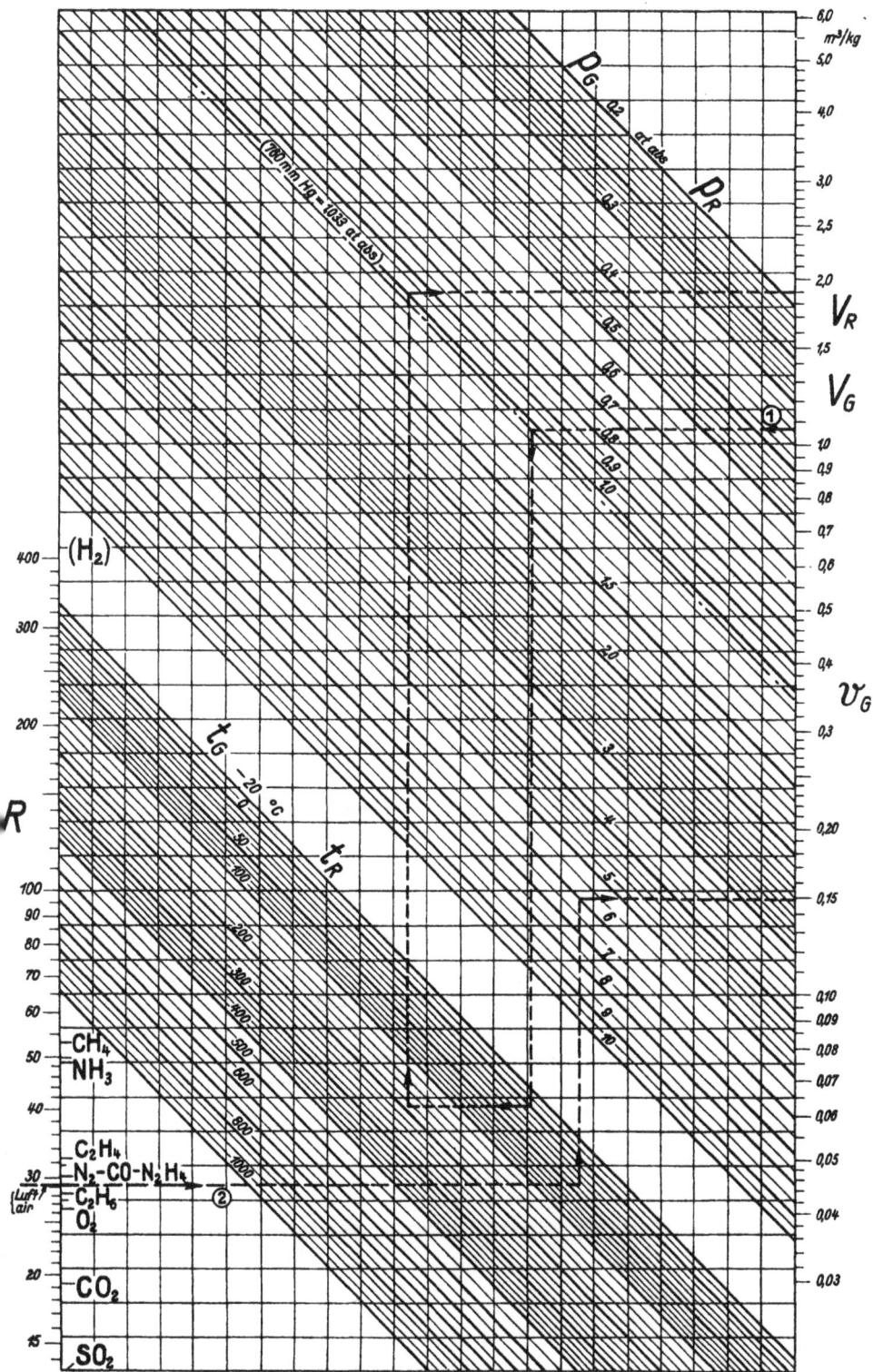

p_G 0,2 at abs

p_R

0,3

0,4

0,5

0,6

0,7

0,8

0,9

V_R

V_G

1,0

(700 mm Hg = 1,03 at abs)

①

v_G

R

(H₂)

t_G -20 °C

t_R

6,0
m³/kg
5,0

4,0

3,0

2,5

2,0

1,5

1,0
0,9
0,8

0,7

0,6

0,5

0,4

0,3

0,20

0,15

0,10
0,09
0,08
0,07

0,06

0,05

0,04

0,03

400

300

200

100
90
80
70
60

50

40

30

20

15

CH₄
NH₃

C₂H₄
N₂-CO-N₂H₄
{Luft}
{air}
C₂H₆
O₂

CO₂

SO₂

②

Theoretisches Rauchgas- und Luftvolumen.

Theoretical Volume of Flue Gases and Air. — Volume théorique des gaz de fumée et de l'air.

$z\,[O_2]\,\dfrac{\text{Mol}}{100\,\text{kg}}$	spezifische Molzahl des Sauerstoffs	specific mol number of oxygen	nombre spécifique des molécules kilogrammes de l'oxygène 0,29
$z\,[H_2O]\,\dfrac{\text{Mol}}{100\,\text{kg}}$	des Wassers	of water	de l'eau 0,28
$z\,[N_2]\,\dfrac{\text{Mol}}{100\,\text{kg}}$	des Stickstoffs	of nitrogen	de l'azote 0,043
$z\,[H_2]\,\dfrac{\text{Mol}}{100\,\text{kg}}$	des Wasserstoffs	of hydrogen	de l'hydrogène 2,40
$z\,[C]\,\dfrac{\text{Mol}}{100\,\text{kg}}$	des Kohlenstoffs	of carbon	du carbone 6,25
$Z_{L\,\text{min}}\,\dfrac{\text{Mol}}{100\,\text{kg}}$ ①	des Mindest-Luft- bedarfs	of minimum quan- tity of air required	de la quantité minima d'air nécessaire 34,1
$Z_{R\,\text{min}}\,\dfrac{\text{Mol}}{100\,\text{kg}}$ ②	der Mindest-Rauch- gasmenge	of minimum quan- tity of flue gases	de la quantité minima des gaz de fumée 35,8
$V_{L\,\text{min}}\,\dfrac{\text{Nm}^3}{\text{kg}}$ ①	Mindest-Luft- bedarf	minimum quantity of air required	quantité minima d'air nécessaire 7,65
$V_{R\,\text{min}}\,\dfrac{\text{Nm}^3}{\text{kg}}$ ②	Mindest-Rauchgas- volumen	minimum volume of flue gases	volume minimum des gaz de fumée 8,02

$$Z_{L\,\text{min}} = 4{,}76\,z\,[C] + 2{,}38\,z\,[H_2] - 4{,}76\,z\,[O_2]$$

$$Z_{R\,\text{min}} = 4{,}76\,z\,[C] + 2{,}88\,z\,[H_2] + z\,[H_2O] + z\,[N_2] - 3{,}76\,z\,[O_2]$$

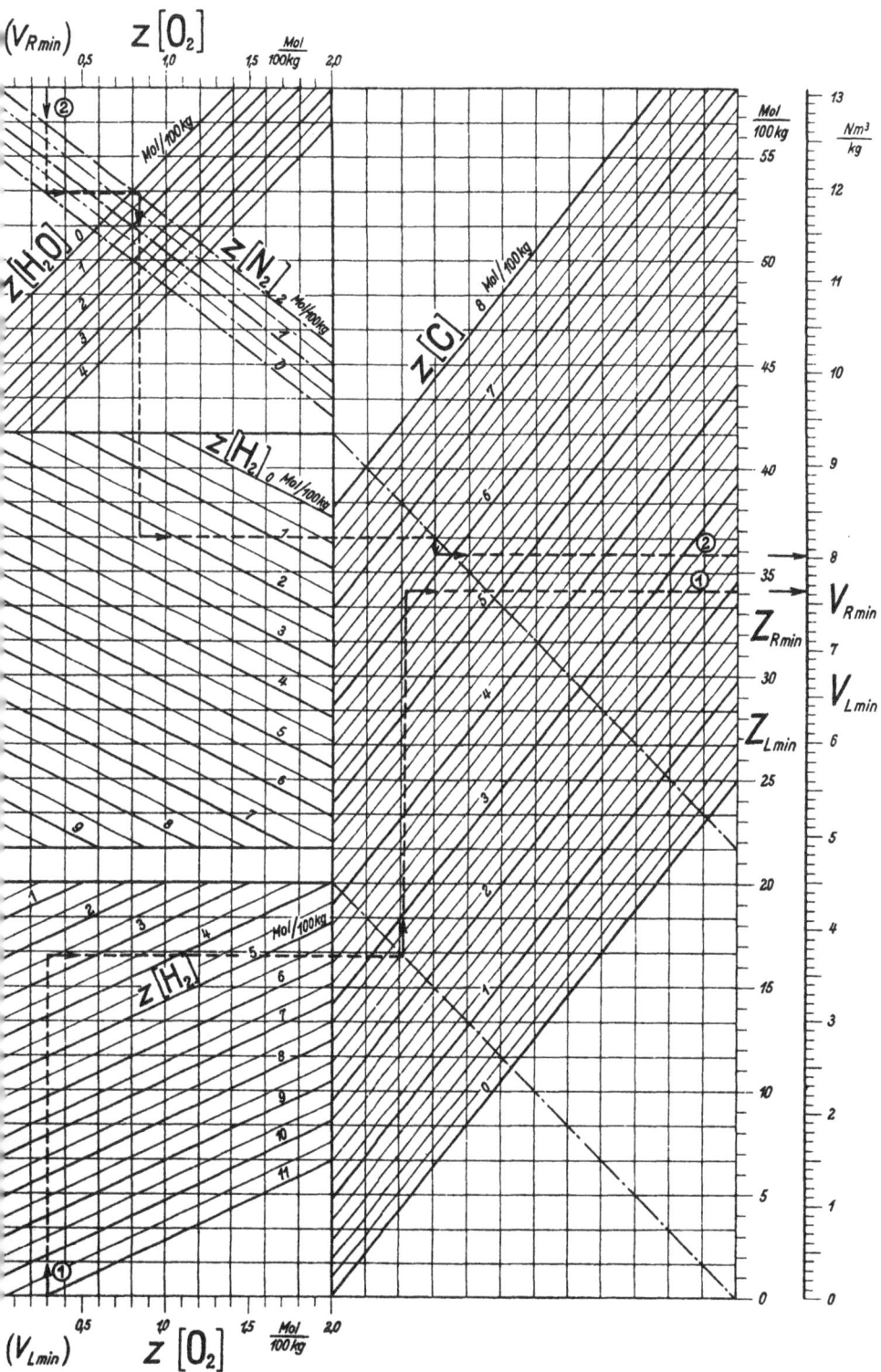

Umrechnung auf Molzahl.

Conversion to Mols. — Conversion en nombre de molécules kilogrammes.

I.

$g\,[H_2]$	$\%$	Gewichtsanteil (des Wasserstoffs)	parts by weight (of hydrogen)	proportion en poids (de l'hydrogène)	4,8
μ		Molekulargewicht (des Wasserstoffs)	molecular weight (of hydrogen)	poids moléculaire (de l'hydrogène)	$H_2 = 2$
$z\,[H_2]$	$\dfrac{\text{Mol}}{100 \text{ kg}}$	spezifische Molzahl (des Wasserstoffs)	specific mol number (of hydrogen)	nombre spécifique des molécules kilogrammes (de l'hydrogène)	2,4

II.

V_G	Nm^3	Gasvolumen	volume of gas	volume de gaz	12
Z_G	Mol	Molzahl	mol number	nombre des molécules kilogrammes	0,54

$$\boxed{\; z = \frac{g}{\mu} \quad \bigg| \quad z = \frac{v}{22,4} \;}$$

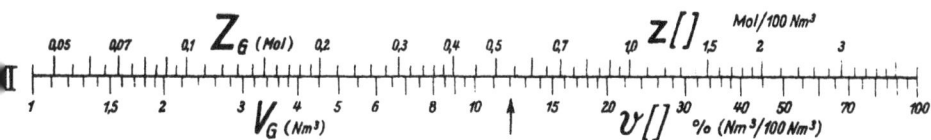

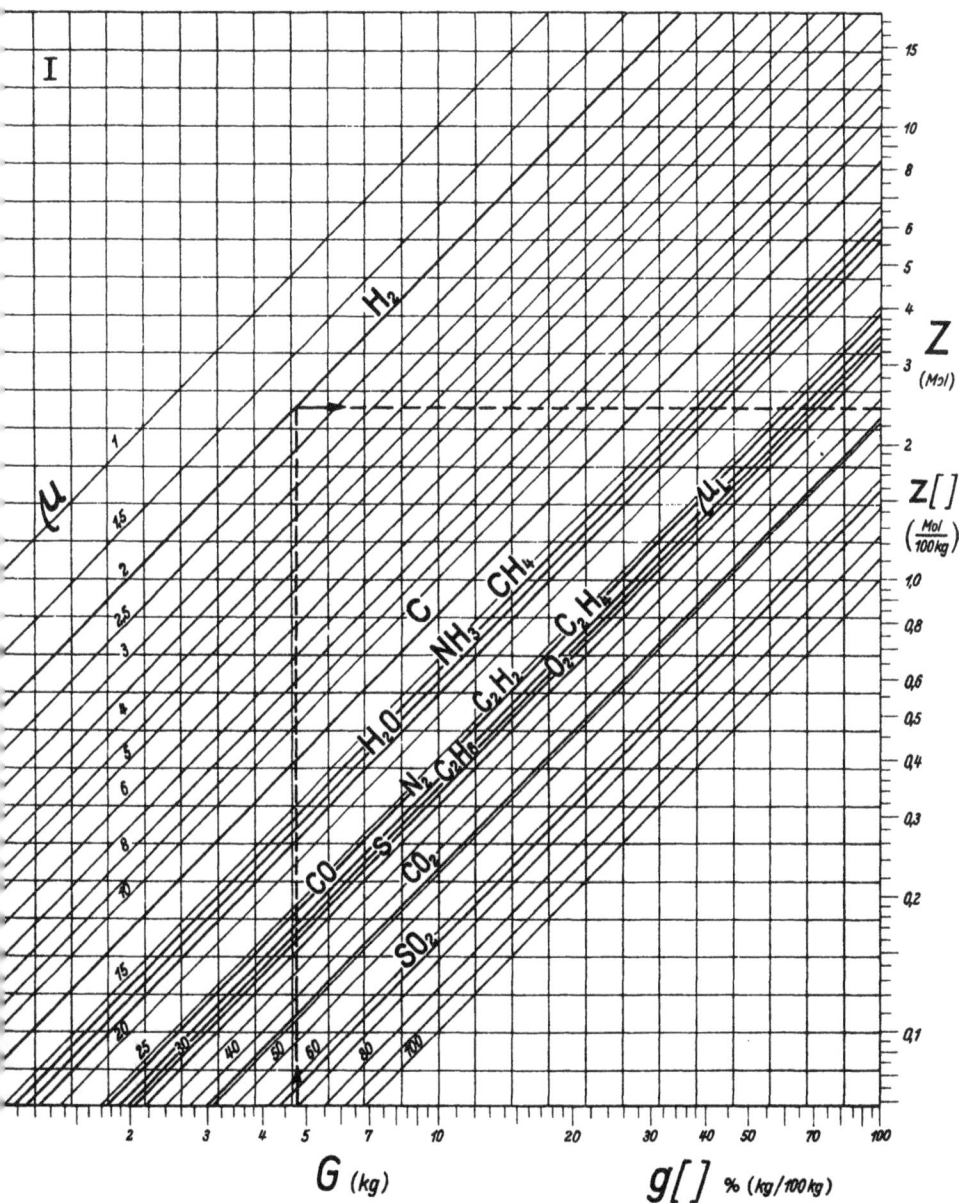

Luftüberschußzahl.

Excess Air Ratio. — Coefficient d'excès d'air.

$v\,[CO_2]_{max}\%$	höchster Volumanteil der Kohlensäure	maximum carbon dioxide, parts by volume	proportion en volume maxima de l'acide carbonique	18,7
$v\,[CO_2]\ \%$	(wirklicher) Volumanteil der Kohlensäure	real carbon dioxide, parts by weight	proportion en volume effective de l'acide carbonique	13,9
λ	Luftüberschußzahl	excess air ratio	coefficient d'excès d'air	1,34
$\varepsilon = \dfrac{V_{R\,min}}{V_{L\,min}}$	Mindest-Volumveränderung bei der Verbrennung	minimum change of volume on combustion	variation minima de volume due à la combustion	1,04
λ_{korr}	korrigierter Wert der Luftüberschußzahl	corrected value of excess air ratio	valeur corrigée du coefficient d'excès d'air	1,36

$$\lambda = \frac{v\,[CO_2]_{max}}{v\,[CO_2]}$$

$$\lambda_{korr} = 1 + \left(\frac{v\,[CO_2]_{max}}{v\,[CO_2]} - 1\right)\varepsilon$$

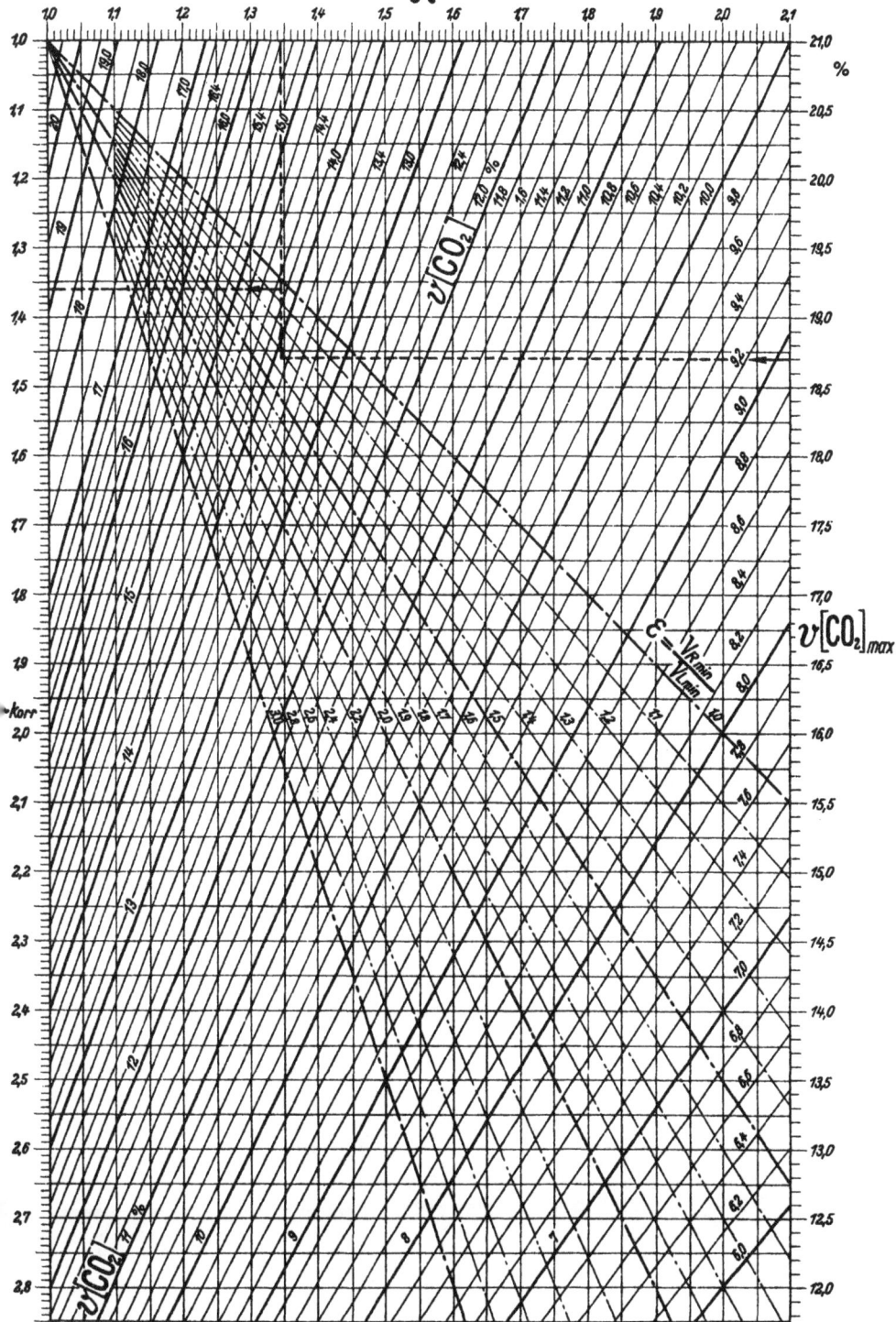

Verbrennungswärme.

Heat of Combustion. — Chaleur de combustion.

①

Feste Brennstoffe. — Solid Fuels. — Combustibles solides   KB

H_u	$\dfrac{\text{kcal}}{\text{kg}}$	unterer Heizwert	net calorific value	puissance calorifique nette	7100
λ		Luftüberschußzahl	excess air ratio	coefficient d'excès d'air	1,35
i_v	$\dfrac{\text{kcal}}{\text{Nm}^3}$	Verbrennungswärme	heat of combustion	chaleur de combustion	666

②

Gasförmige Brennstoffe. — Gaseous Fuels. — Combustibles gazeux   GB

H_u	$\dfrac{\text{kcal}}{\text{Nm}^3}$	unterer Heizwert	net calorific value	puissance calorifique nette	4300
λ		Luftüberschußzahl	excess air ratio	coefficient d'excès d'air	1,25
i_v	$\dfrac{\text{kcal}}{\text{Nm}^3}$	Verbrennungswärme	heat of combustion	chaleur de combustion	687

$$i_v = \frac{H_u}{V_{R\min} + (\lambda - 1)\, V_{L\min}}$$

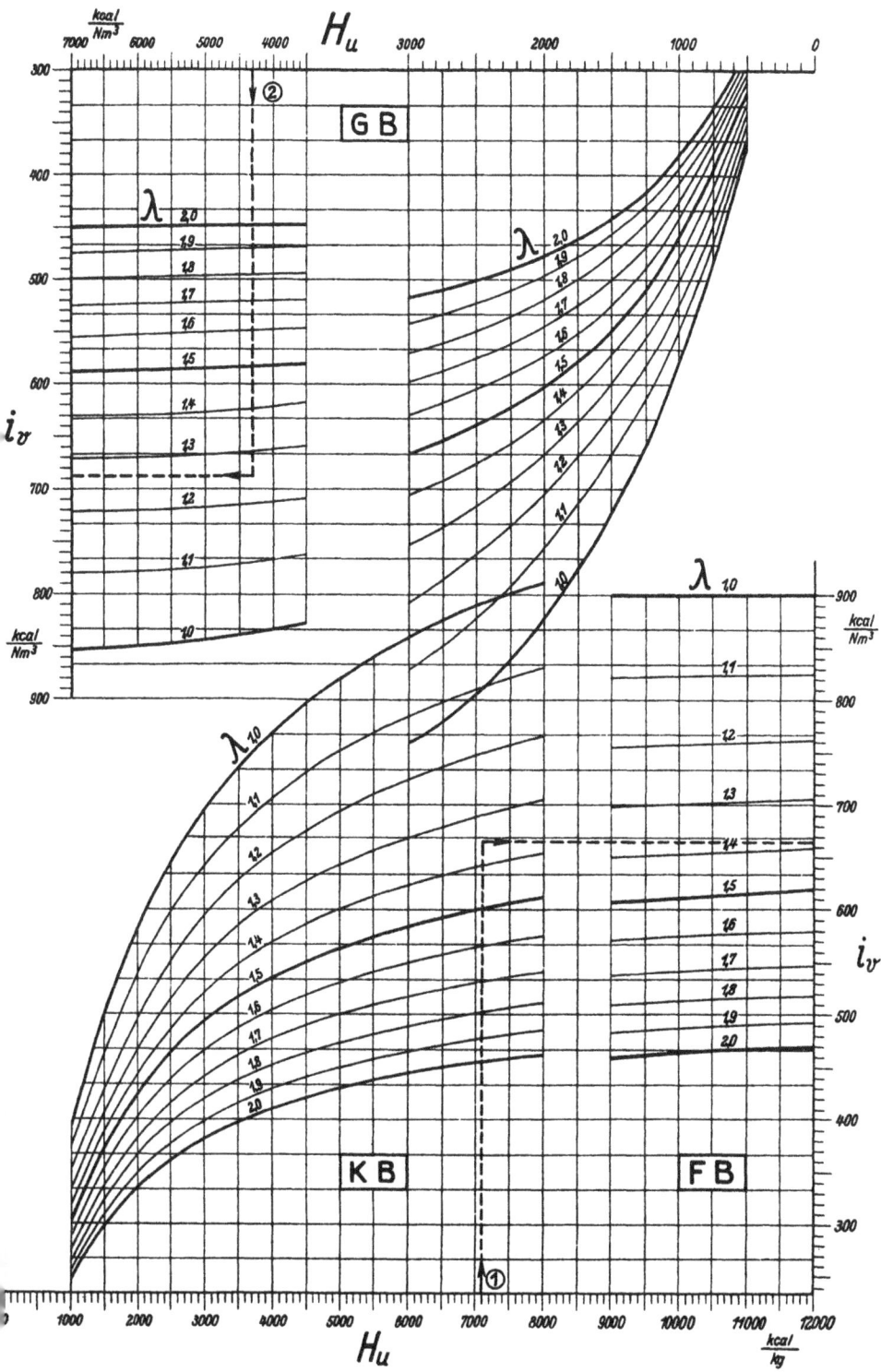

Wärmeinhalt und Luftgehalt der Rauchgase.

Heat Content and Air Content of Flue Gases.
Contenance thermique et teneur en air des gaz de fumée.

$H_u \dfrac{\text{kcal}}{\text{kg}}$	unterer Heizwert	net calorific value	puissance calori-fique nette	7100
λ	Luftüberschußzahl	excess air ratio	coefficient d'excès d'air	1,35
v_L %	Luftgehalt der Rauchgase	air content of flue gases	teneur en air des gaz de fumée	25
$i_R \dfrac{\text{kcal}}{\text{Nm}^3}$	Wärmeinhalt der Rauchgase	heat content of flue gases	contenance thér-mique des gaz de fumée	666
t_R °C	Temperatur der Rauchgase	temperature of flue gases	température des gaz de fumée	1720

Brennstoffarten. — Kinds of Fuel. — Nature du combustible.

KB	Feste Brennstoffe	solid fuels	combustibes solides
FB	Flüssige Brenn-stoffe	liquid fuels	combustibles liquides
GB	Gasförmige Brenn-stoffe	gaseous fuels	combustibles gazeux

$$\boxed{v_L = \frac{(\lambda - 1)\, V_{L\,\text{min}}}{V_{R_0}}}$$

Rosin-Fehling, It-Diagramm der Verbrennung. Berlin 1929.

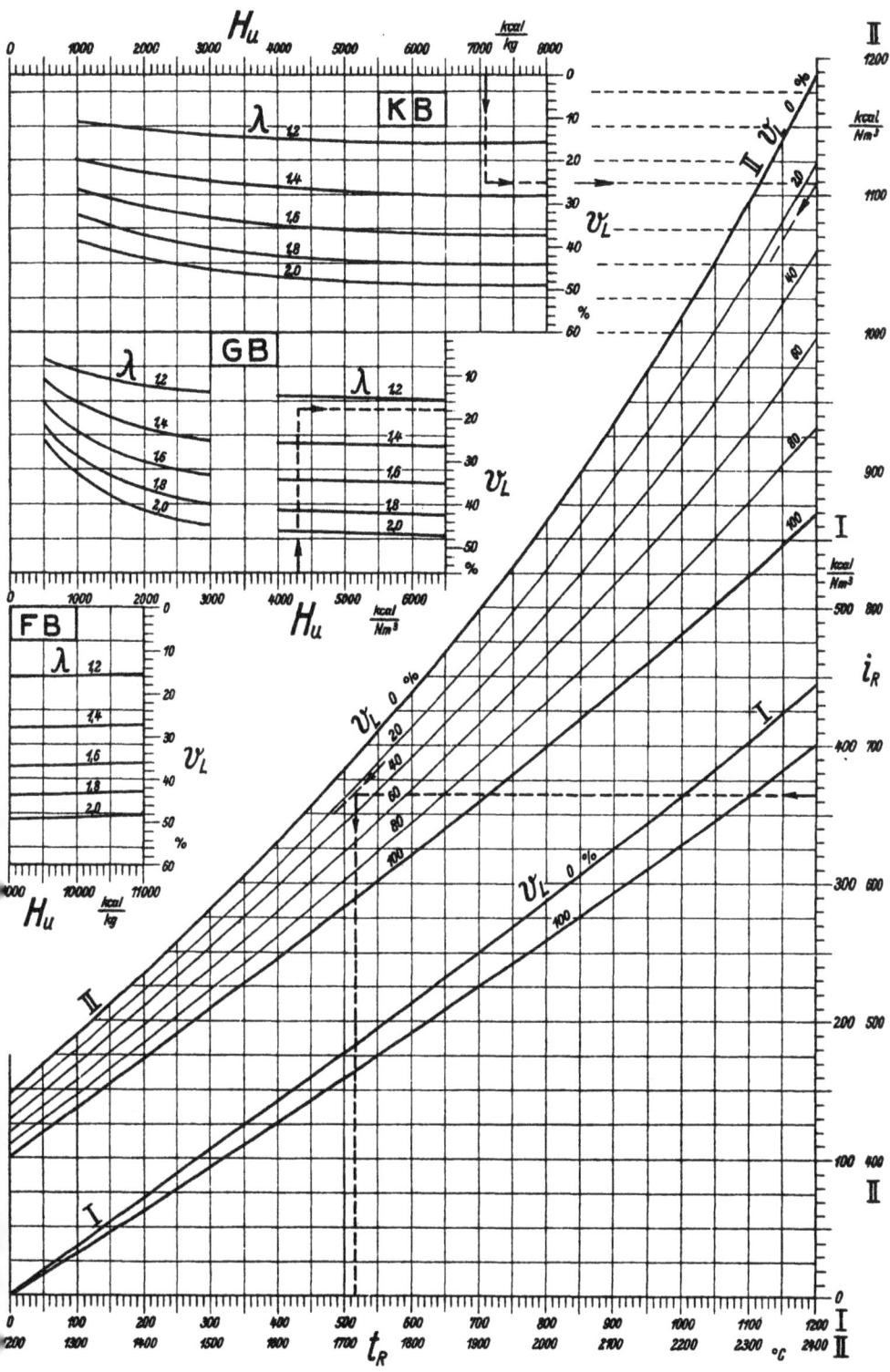

Taupunkt der Rauchgase.

Dew Point of Flue Gases. — Point de rosée des gaz de fumée.

V_{W_0}	$\dfrac{Nm^3}{kg}$	Wasserdampfgehalt der Rauchgase (bez. auf Normal-zustand)	water-vapour content of flue gases (0^0 C — 760 mm Hg)	teneur en vapeur d'eau des gaz de fumée (0^0 C — 760 mm de mercure)	0,6
V_{R_0}	$\dfrac{Nm^3}{kg}$	Rauchgasvolumen (Normalzustand)	volume of flue gases (0^0 C — 760 mm Hg)	volume des gaz de fumée (0^0 C — 760 mm de mercure)	10,65
p_R	at abs	Druck der Rauch-gase	pressure of flue gases	pression des gaz de fumée	1,033
p_t	at abs	Partialdruck des Wasserdampfes	partial pressure of water-vapour	pression partielle de la vapeur d'eau	0,0585
t_t	^{0}C	Taupunkt der Rauchgase	dew point of flue gases	point de rosée des gaz de fumée	35,3

$$p_t = p_R \cdot \frac{V_{W_0}}{V_{R_0}}$$

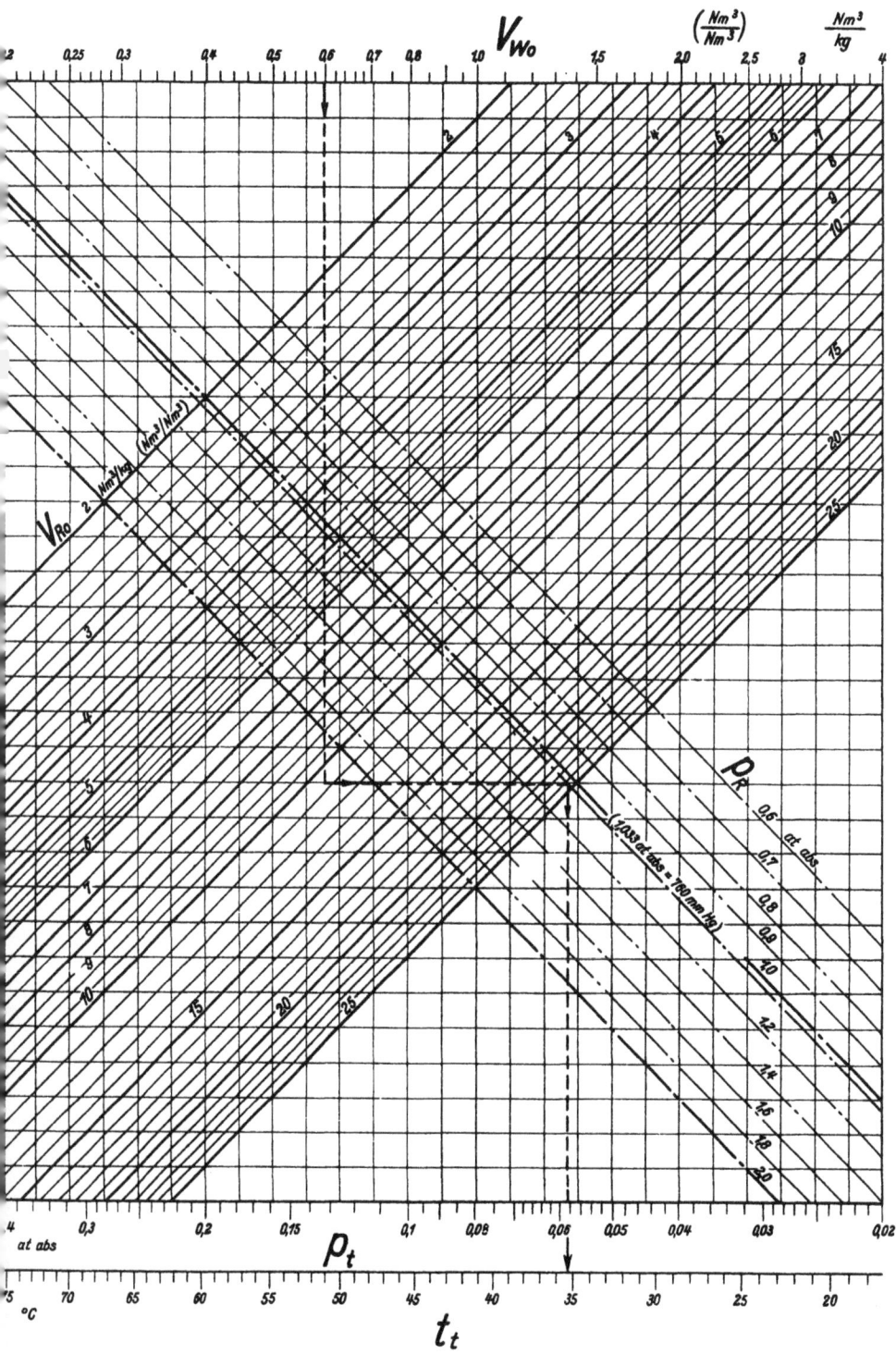

Schornstein-Zugstärke.

Chimney Draught. — Tirage de la cheminée.

H_u	$\dfrac{\text{kcal}}{\text{kg}}$	unterer Heizwert	net calorific value	puissance calorifique nette	7100
λ		Luftüberschußzahl	excess air ratio	coefficient d'excès d'air	1,35
γ_{R_0}	$\dfrac{\text{kg}}{\text{Nm}^3}$	spezifisches Gewicht der Rauchgase (bez. auf Normalzustand)	density of flue gases (referred to 0° C and 760 mm Hg)	poids spécifique des gaz de fumée (rapportés à 0° C et 760 mm de mercure)	1,326
t_R	°C	Rauchgastemperatur	temperature of flue gases	température des gaz de fumée	190
t_a	°C	Außentemperatur	outside temperature	température extérieure	15
h_{sch}	m	Schornsteinhöhe	chimney height	hauteur de cheminée	85
P_{sch} mm H$_2$O		Zugstärke des Schornsteins	available chimney draught	tirage de la cheminée	37,5

$$P_{sch} = h_{sch}\left(\gamma_{L_0}\frac{273}{t_a + 273} - \gamma_{R_0}\frac{273}{t_R + 273}\right)$$

Gumz, W., Feuerungstechnisches Rechnen. Leipzig 1931.

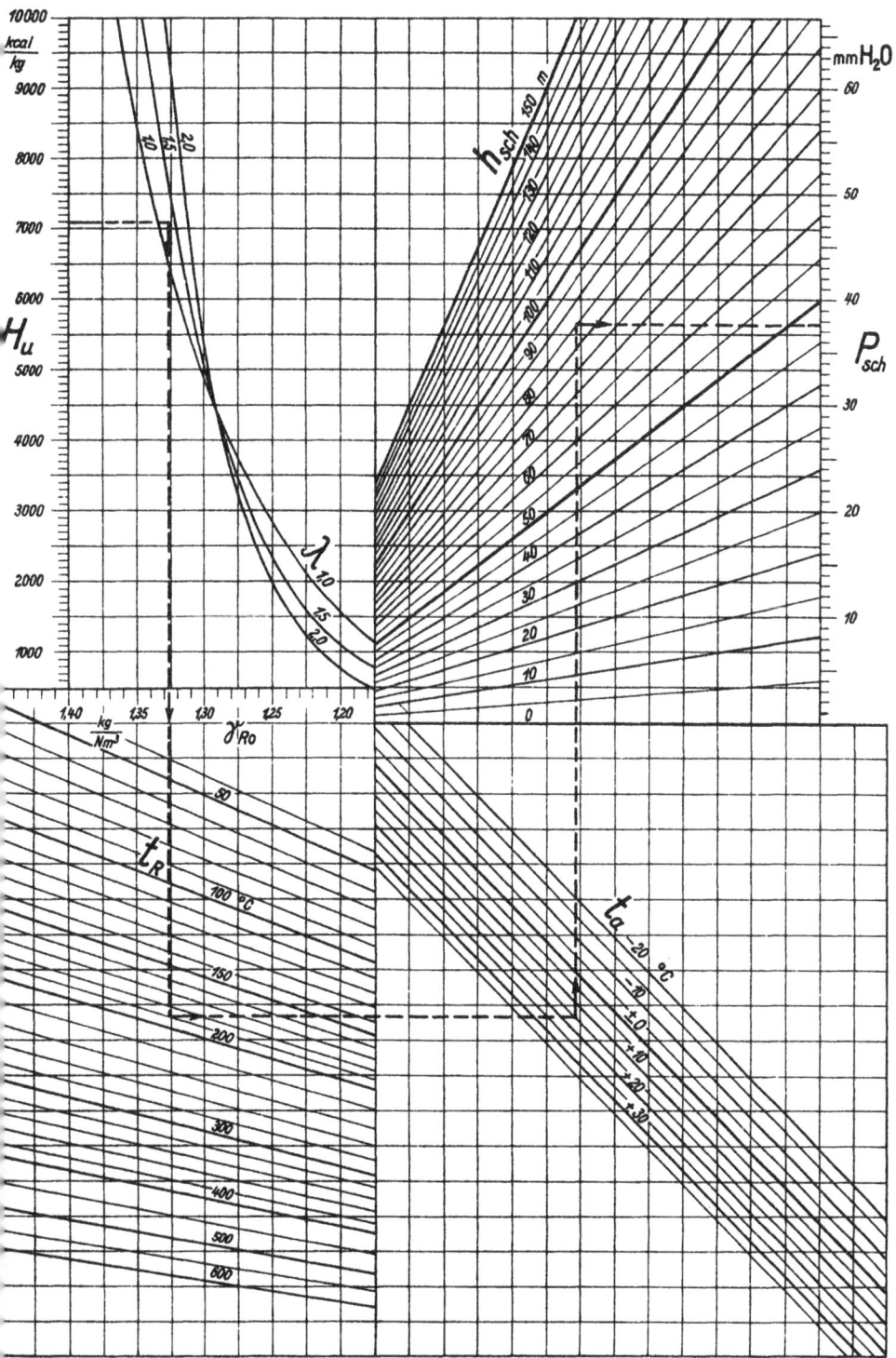

10000
$\frac{kcal}{kg}$
9000

8000

7000

H_u

6000

5000

4000

3000

2000

1000

h_{sch} m

150
140
130
120
110
100
90
80
70
60
50
40
30
20
10
0

mmH₂O

60

50

40

30

20

10

P_{sch}

λ
1.0
1.5
2.0

10 15 20

1.40 1.35 1.30 1.25 1.20

$\frac{kg}{Nm^3}$ γ_{Ro}

50

t_R 100 °C

150

200

300

400

500

600

t_a -20 °C

-10

±0

+10

+20

+30

Natronzahl.

Soda Number. — Coefficient d'alcalinité.

PA	Phenolphthalein-Alkalität	phenolphtalein alcalinity	alcalinité de la phénolphtaleine	14
MA	Methylorange-Alkalität	methyl orange alcalinity	alcalinité du méthyl orange	22
$g\,[\text{NaOH}]\ \frac{mg}{l}$	Gehalt an Ätznatron	content of sodium ·hydrate	teneur en soude caustique	240
$g\,[\text{Na}_2\text{CO}_3]\ \frac{mg}{l}$	Gehalt an Soda	content of carbonate of soda	teneur en carbonate de sodium	850
ν	Natronzahl	soda number	coefficient d'alcalinité	430

$$g\,[\text{NaOH}] \;=\; 40\,(2\,\text{PA} - \text{MA})$$
$$g\,[\text{Na}_2\text{CO}_3] = 106\,(\text{MA} - \text{PA})$$

$$\nu = \frac{g\,[\text{Na}_2\text{CO}_3]}{4{,}5} + g\,[\text{NaOH}]$$

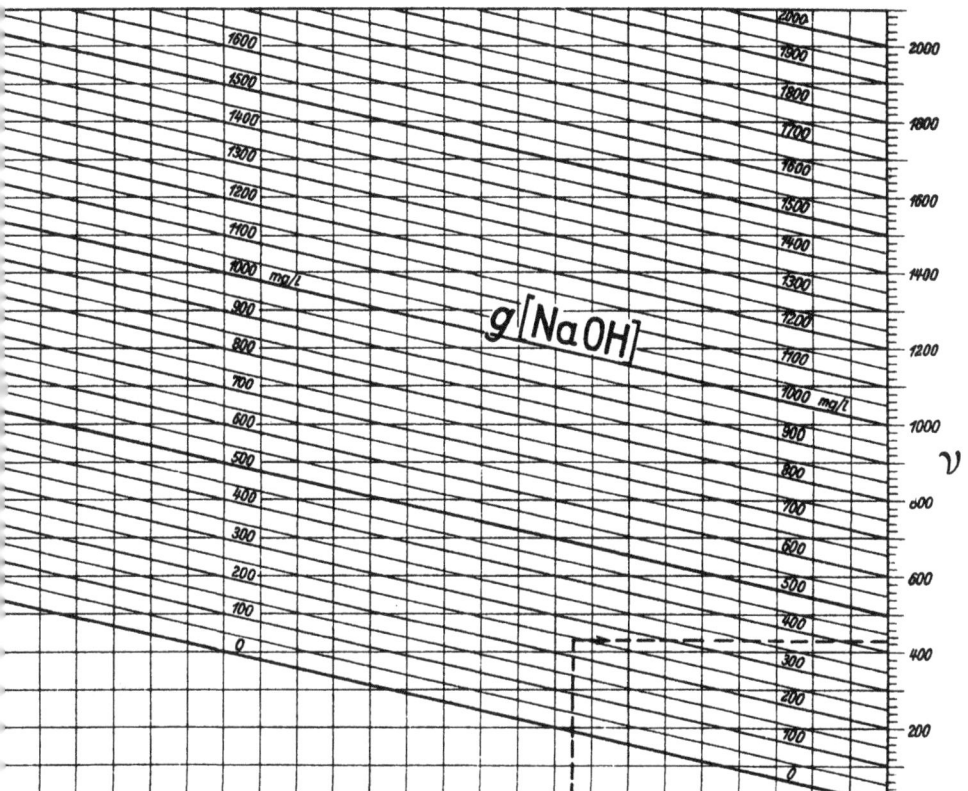

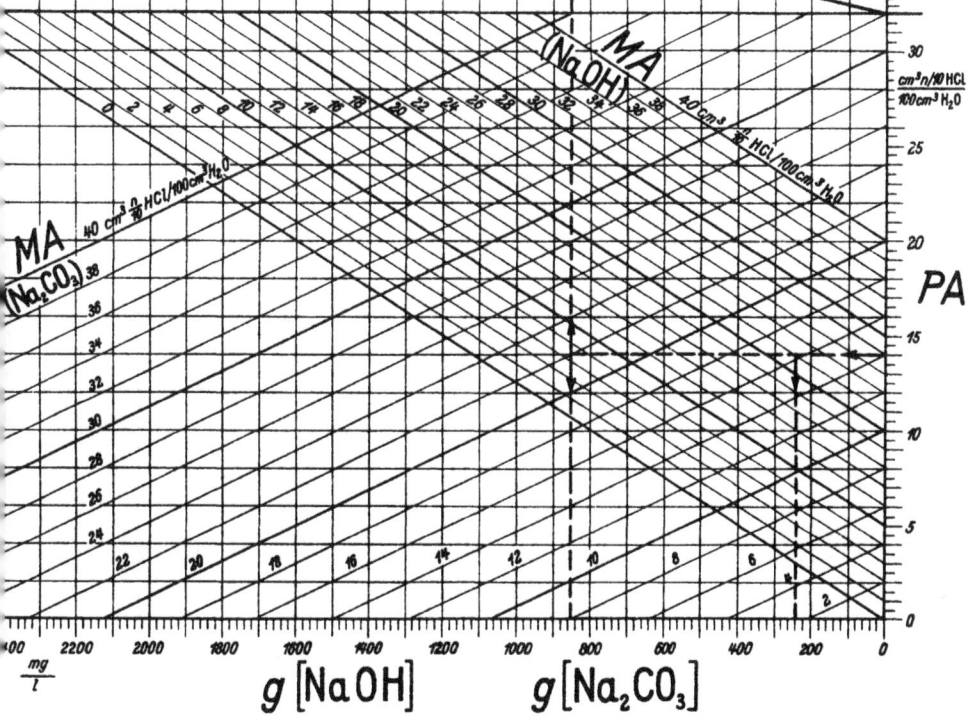

$g\,[NaOH]$

$\mathcal{v}$

MA
(NaOH)

$cm^3\,n/10\,HCl$
$100\,cm^3\,H_2O$

MA
(Na₂CO₃)

PA

$\dfrac{mg}{l}$

$g\,[NaOH]$

$g\,[Na_2CO_3]$

Umrechnung der Härtegrade.

Conversion of the Degree of Hardness. — Conversion des degrés de dureté.

$g\,S\,\frac{mg}{l}$	Salzgehalt	salt content	teneur en sels	240
	Stoffart	kind of salt	nature du sel	NaOH
	Meßart	kind of measurement	méthode de mesure	$d\,H$
$d\quad^0$	Härtegrad	degree of hardness	degré de dureté	33,8

Meßarten. — Kinds of Measurement. — Méthode de mesure $1^0 =$

$d\,H$	deutsche Härtegrade	German degree of hardness	degré de dureté allemand	$10\,\frac{mg}{l}\,CaO$
$e\,H$	englische Härtegrade	English degree of hardness	degré de dureté anglais	$12{,}5\,\frac{mg}{l}\,CaCO_3$
$f\,H$	französische Härtegrade	French degree of hardness	degré de dureté français	$10\,\frac{mg}{l}\,CaCO_3$
mnorm	Millinorm	millinorm	millinorm	$28\,\frac{mg}{l}\,CaO$

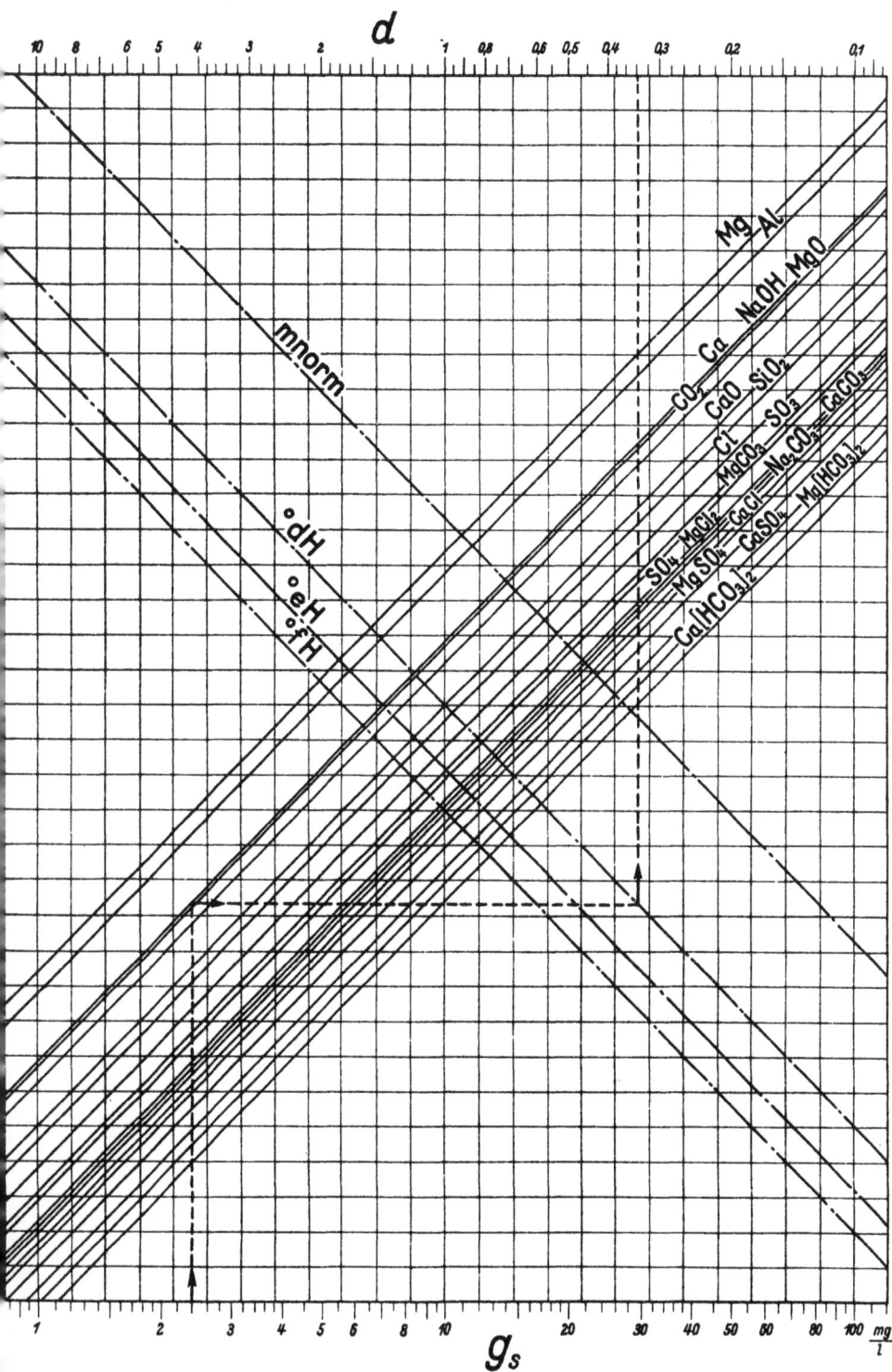

Salzgehalt des Kesselwassers.

Salt Content of the Boiler Water. — Teneur en sels de l'eau de la chaudière.

I.

p_k	atü	Kesseldruck	boiler pressure	pression dans la chaudière	34
$g\,S_k$	°Bé	(zulässiger) Salzgehalt des Kesselwassers	(permissible) salt content of the boiler water	teneur en sels admissible de l'eau de la chaudière	0,74
$g\,S_w$	$\dfrac{mg}{l}$	Salzgehalt des Speisewassers	salt content of the feed water	teneur en sels de l'eau d'alimentation	150
$m_{w\,ab}$	%	abzulassende Wassermenge	quantity of water to draw off	quantité d'eau à évacuer	2,07

II. **Sulfatgehalt.** — Content on Sulphate. — Teneur en sulfate.

p_k	atü	Kesseldruck	boiler pressure	pression dans la chaudière	34
$\sigma = \dfrac{g\,[Na_2SO_4]}{g\,[Na_2CO_3]}$		Sulfatverhältnis	sulphate ratio	rapport du sulfate au carbonate	1:3,65

Stumper, R., Speisewasser im neuzeitlichen Dampfkraftbetrieb. Berlin 1931.

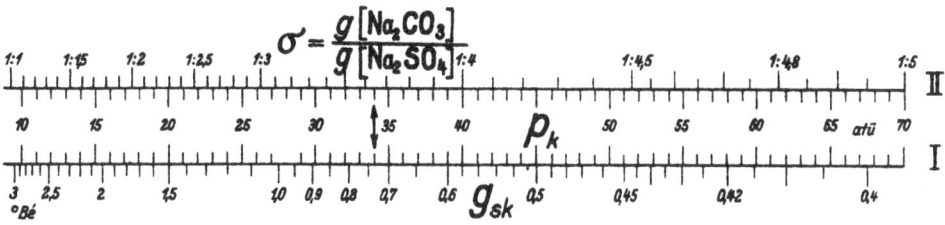

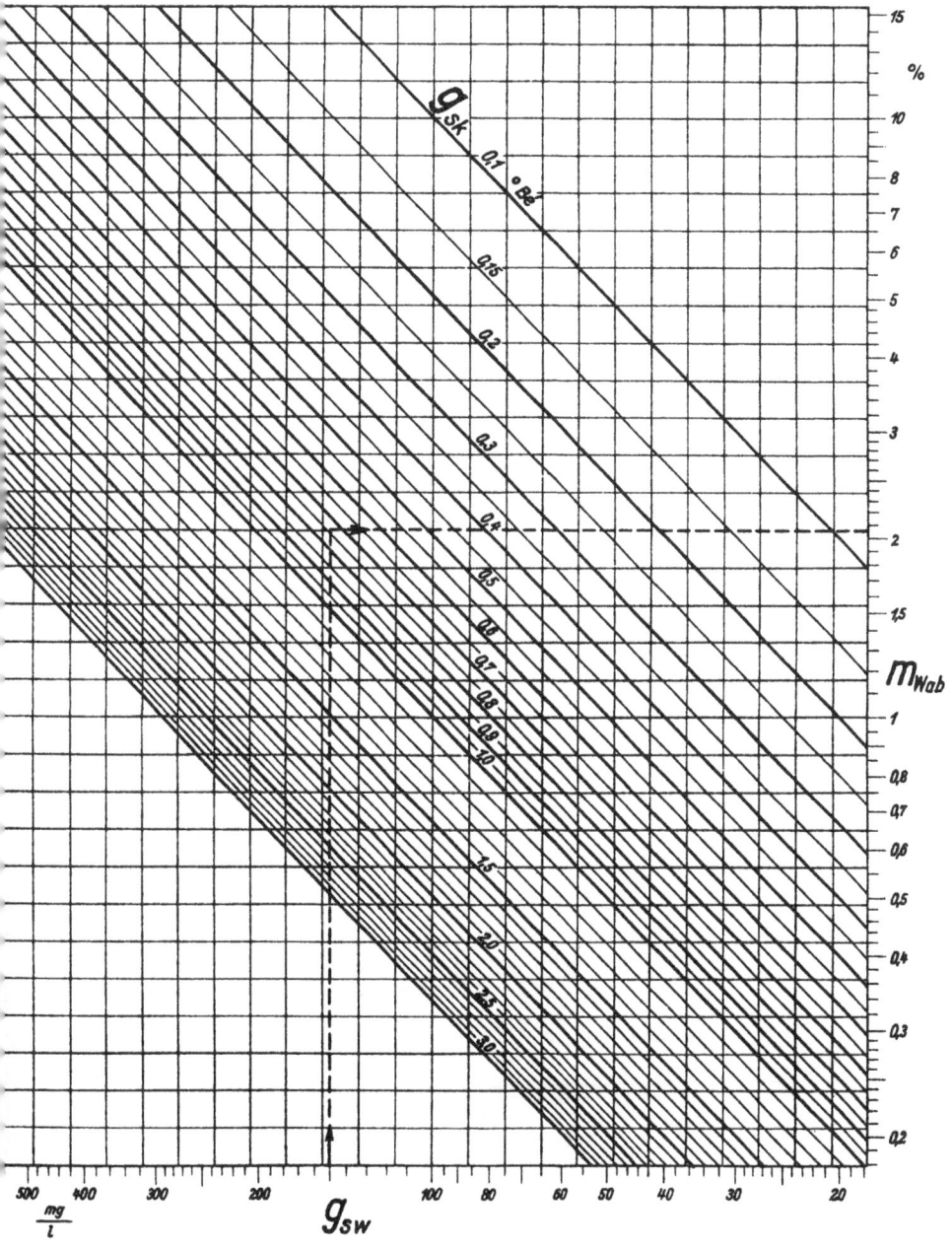

Berichtigung der Dichte.

Correction of Density. — Correction de la densité.

δ	^{0}Bé	gemessener Wert der Dichte	measured value of density	valeur mesurée de la densité	0,4
t_w	^{0}C	Temperatur der Wasserprobe	temperature of the water sample	température de l'échantillon d'eau	35
p_k	atü	Kesseldruck	boiler pressure	pression dans la chaudière	34
δ_{korr}	^{0}Bé	berichtigter Wert der Dichte	corrected value of density	valeur corrigée de la densité	0,81

Otte, W., Untersuchung von chemisch gereinigten Kesselwassern. Wärme, Bd. 55 (1932), S. 384.

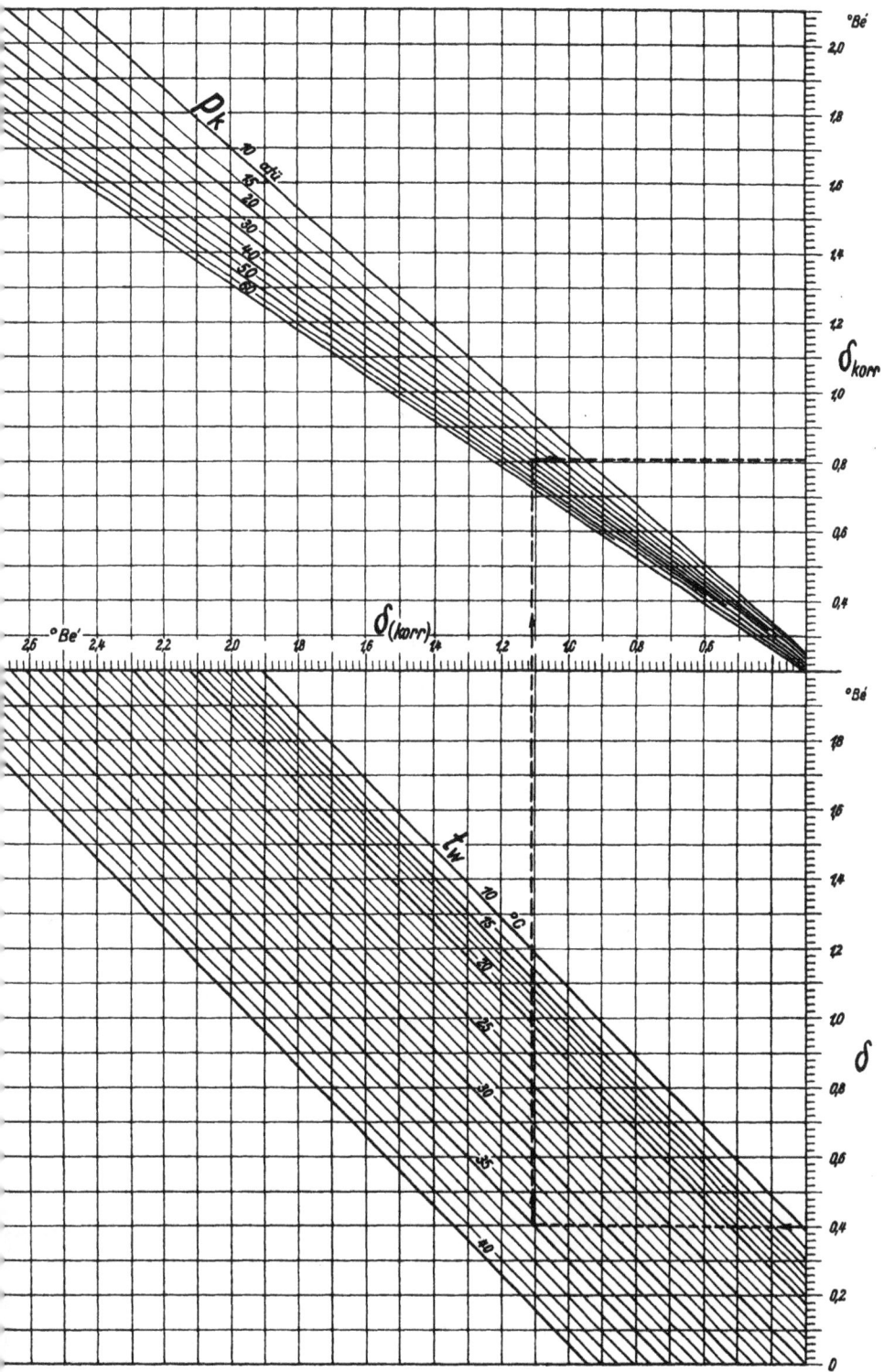

Gasgehalt des Wassers.

Gas Content of the Water. — Teneur en gaz de l'eau.

I.

t_W	^0C	Wassertemperatur	water temperature	température de l'eau	38

①

$v\,[N_2]_l$	$\dfrac{cm^3}{l}$	Löslichkeit des Stickstoffs	solubility of nitrogen	solubilité de l'azote	12,2
$v\,[N_2]$	$\dfrac{cm^3}{l}$	Gehalt des Wassers (bei Atmosphärendruck) an Stickstoff	content of water (at atmospheric pressure) of nitrogen	teneur de l'eau (à la pression atmosphérique) en azote	9,6

②

$v\,[O_2]_l$	$\dfrac{cm^3}{l}$	Löslichkeit des Sauerstoffs	solubility of oxygen	solubilité de l'oxygène	23,5
$v\,[O_2]$	$\dfrac{cm^3}{l}$	Gehalt des Wassers an Sauerstoff	content of water of oxygen	teneur de l'eau en oxygène	4,9

③

$v\,[CO_2]_l$	$\dfrac{cm^3}{l}$	Löslichkeit der Kohlensäure	solubility of carbon dioxide	solubilité de l'acide carbonique	555
$v\,[CO_2]$	$\dfrac{cm^3}{l}$	Gehalt des Wassers an Kohlensäure	content of water of carbon dioxide	teneur de l'eau en acide carbonique	0,2

II.

$m_{W\,zus}$	$\%$	Zusatzwassermenge	quantity of make-up water	quantité d'eau d'appoint	6,0
p_k	atü	Kesseldruck	boiler pressure	pression dans la chaudière	> 20
$g\,[O_2]_{zul}$	$\dfrac{mg}{l}$	zulässiger Sauerstoffgehalt im Zusatzwasser	permissible oxygen content in the make-up water	teneur en oxygène pouvant être admise dans l'eau d'appoint	5,0

Stumper, R., Speisewasser im neuzeitlichen Dampfkraftbetrieb. Berlin 1931.

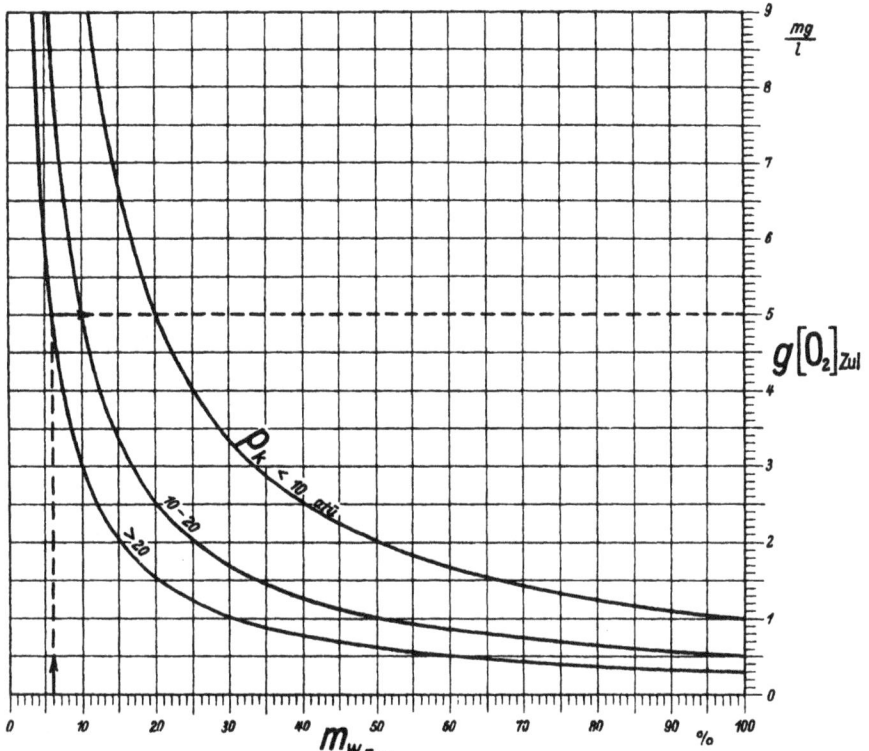

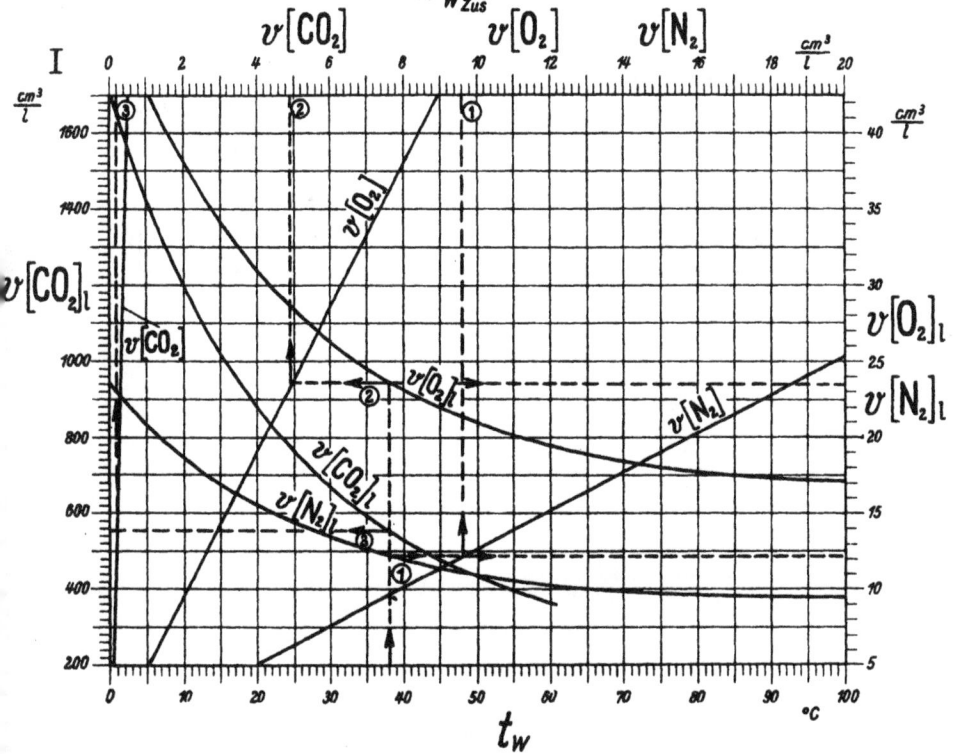

Kesselleistung.

Boiler Output. — Production de la chaudière.

i_D	$\dfrac{kcal}{kg}$	Wärmeinhalt des Dampfes	heat content of steam	contenance thérmique de vapeur	799
i_W	$\dfrac{kcal}{kg}$	Wärmeinhalt des Speisewassers	heat content of feed water	contenance thérmique de l'eau d'alimentation	38
M_k	t/h	Kesselleistung	boiler output	production de la chaudière	10,5
Q_k	$\dfrac{10^6\,kcal}{h}$	Wärmeleistung des Kessels	thermal output of the boiler	capacité calorifique de la chaudière	8,0
F_k	m²	Heizfläche des Kessels	heating surface of the boiler	surface de chauffe de la chaudière	300

①

q_k	$\dfrac{10^3\,kcal}{m^2\,h}$	spezifische Wärmeleistung des Kessels	specific thermal output of boiler	capacité calorifique spécifique de la chaudière	26,5

②

m_k	$\dfrac{kg}{m^2\,h}$	Heizflächenbelastung	evaporation, in kg. per sq. metre of heating surface per hour	production de vapeur par unité de surface de chauffe	35,0

$$Q_k = \frac{M_k\,(i_D - i_W)}{1000} \qquad q_k = \frac{1000 \cdot Q_k}{F_k} \qquad m_k = \frac{1000 \cdot M_k}{F_k}$$

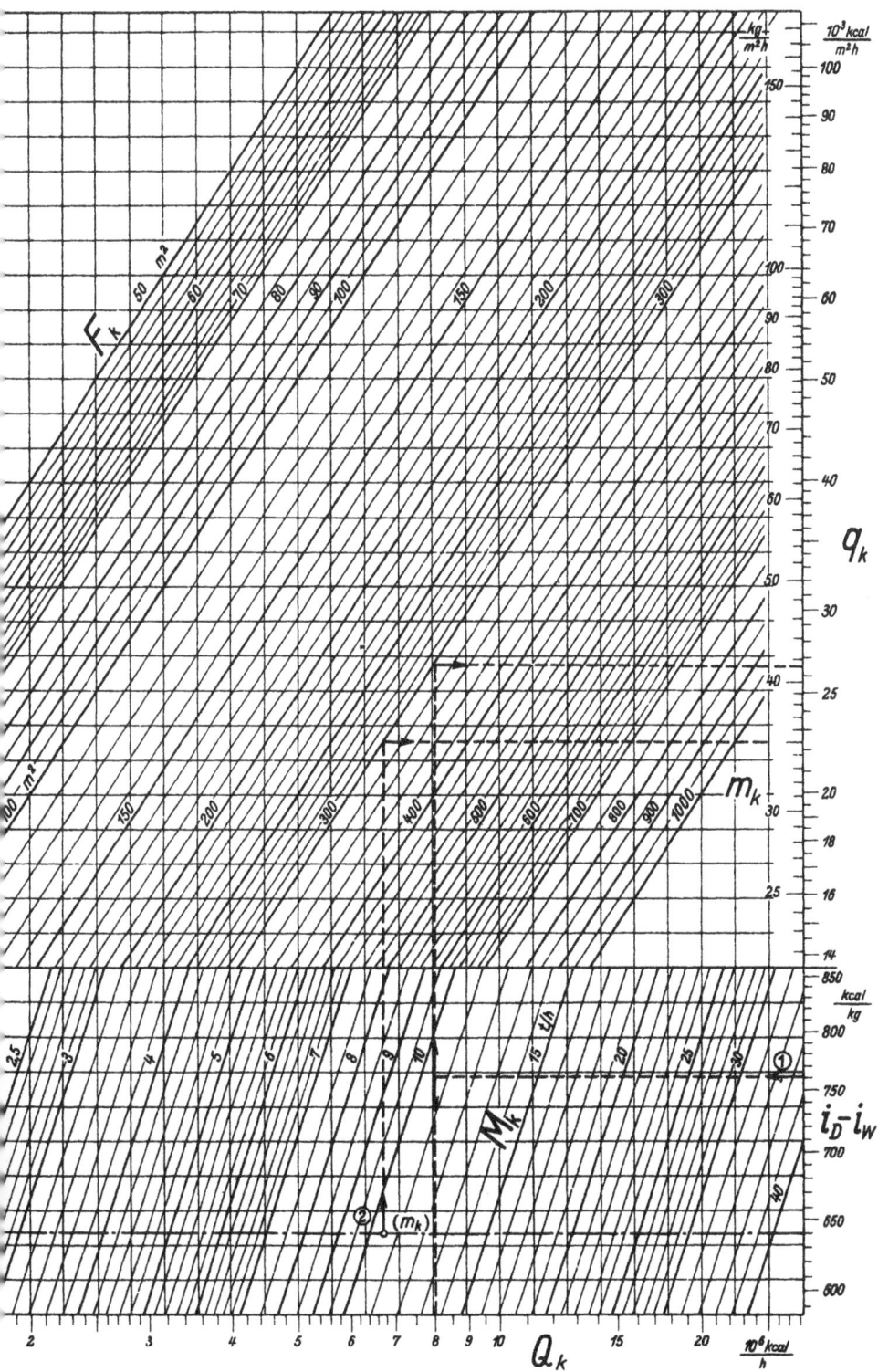

$\boxed{24}$

Sattdampf.

Saturated Steam. — Vapeur saturée.

				①	②
t_s °C	Sättigungstemperatur	saturation temperature	température de saturation	38	241,5
	Kurventeil	part of curve	partie de la courbe	I	III
p_s at abs	Sättigungsdruck	saturation pressure	pression de saturation	0,065	35

Knoblauch, Raisch, Hausen, Koch, Tabellen und Diagramme für Wasserdampf. München 1932.

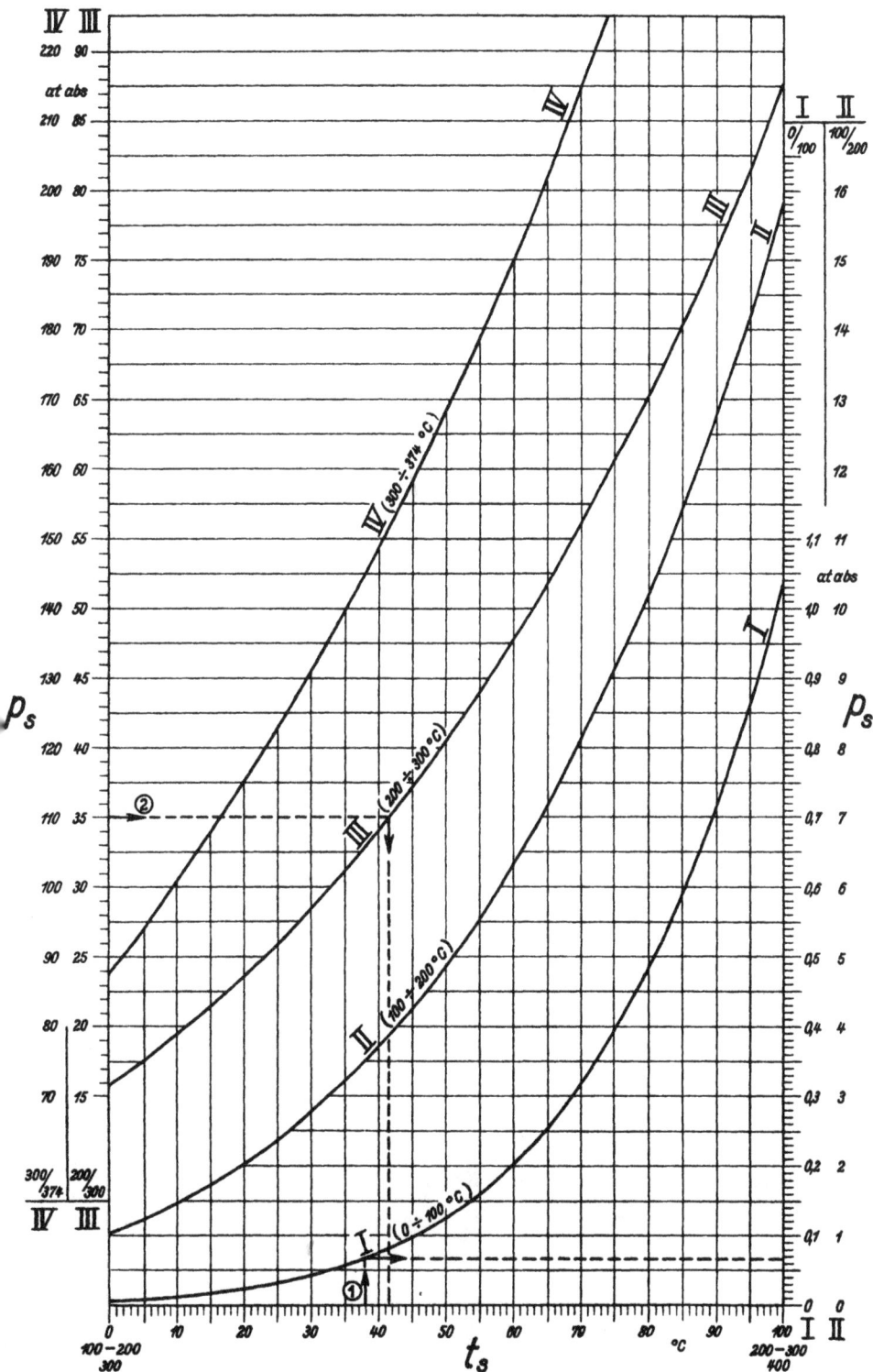

Wärmeinhalt von Dampf und Wasser.

Heat Content of Steam and Water. — Contenance thérmique de la vapeur et de l'eau.

①

p_D	at abs	Dampfdruck	steam pressure	pression de la vapeur	35
t_D	^{0}C	Dampftemperatur	steam temperature	température de la vapeur	450
i_D	$\dfrac{kcal}{kg}$	Wärmeinhalt des Dampfes	heat content of steam	contenance thérmique de vapeur	790

②

p_W	at abs	Druck des Wassers	pressure of water	pression de l'eau	12
i_W	$\dfrac{kcal}{kg}$	Wärmeinhalt des Wassers	heat content of water	contenance thérmique de l'eau	189,5

Knoblauch, Raisch, Hausen, Koch, Tabellen und Diagramme für Wasserdampf. München 1932.

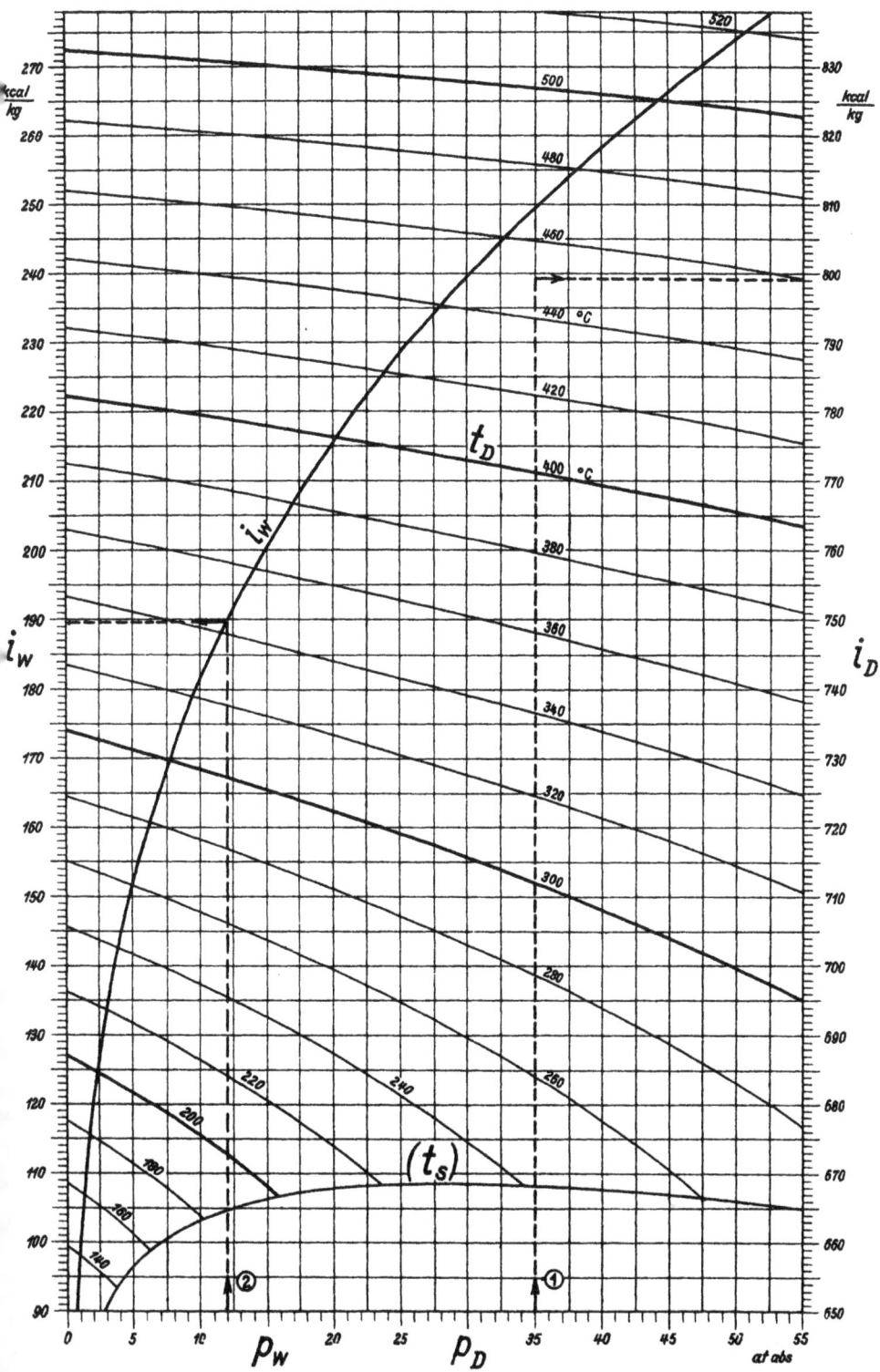

Spezifisches Gewicht von Dampf und Wasser.

Density of Steam and Water. — Poids spécifique de la vapeur et de l'eau.

①

p_D	at abs	Dampfdruck	steam pressure	pression de la vapeur	35
t_D	⁰C	Dampftemperatur	steam temperature	température de la vapeur	450
γ_D	$\dfrac{kg}{m^3}$	spezifisches Gewicht des Dampfes	density of steam	poids spécifique de la vapeur	10,7
v_D	$\dfrac{m^3}{kg}$	spezifisches Volumen des Dampfes	specific volume of steam	volume spécifique de la vapeur	0,0935

②

p_W	at abs	Druck des Wassers	pressure of water	pression de l'eau	12
γ_W	$\dfrac{kg}{m^3}$	spezifisches Gewicht des Wassers	density of water	poids spécifique de l'eau	878,5
v_W	$\dfrac{m^3}{t}$	spezifisches Volumen des Wassers	specific volume of water	volume spécifique de l'eau	1,138

Knoblauch, Raisch, Hausen, Koch, Tabellen und Diagramme für Wasserdampf. München 1932.

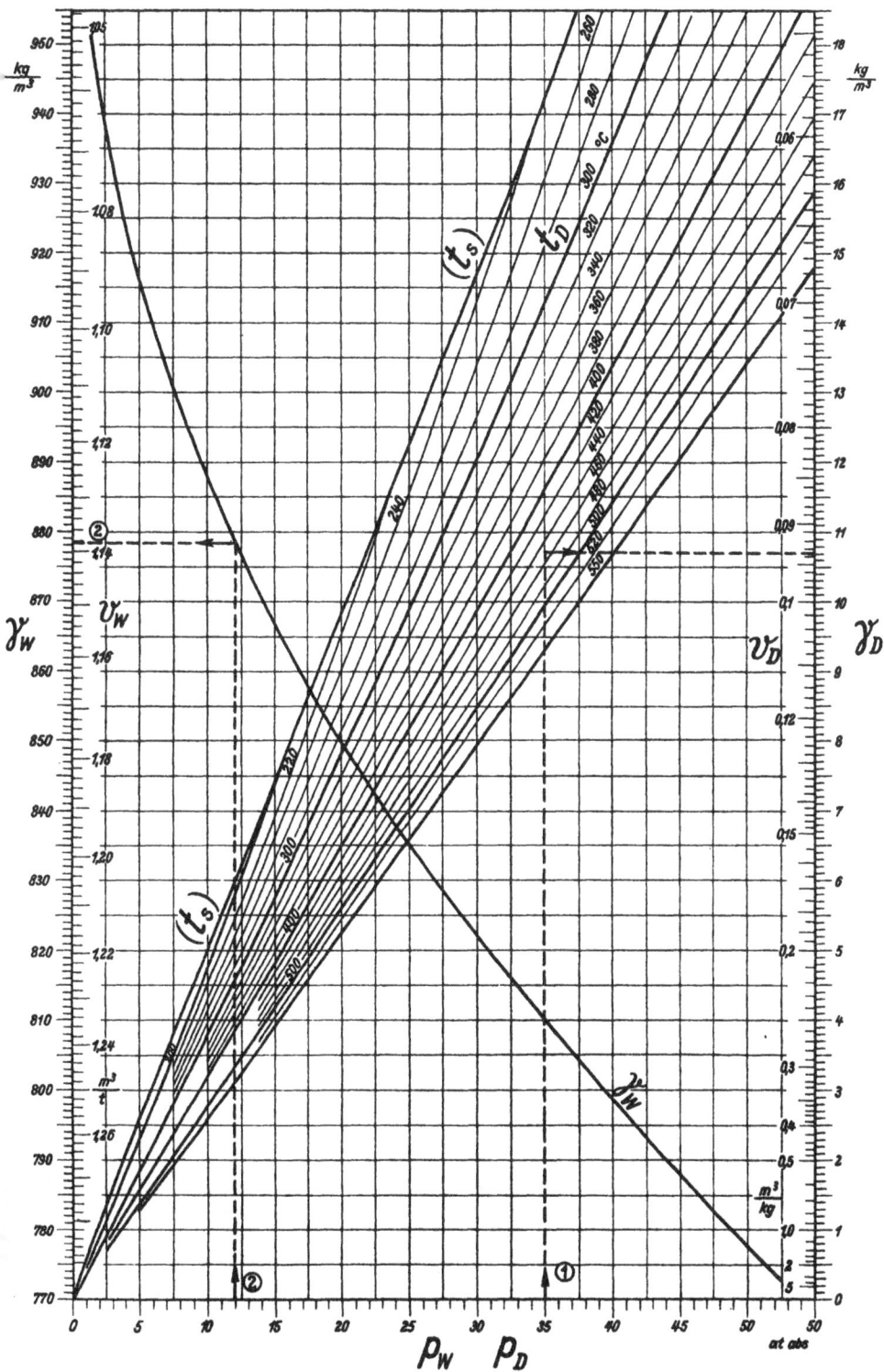

Höchste Verdampfungsfähigkeit.

Maximum Evaporative Capacity. — Capacité maxima de vaporisation.

p_k	atü	Kesseldruck	boiler pressure	pression dans la chaudière	34
		Dampfeinführung (von unten)	steam admission (from below)	admission de la vapeur (par le bas)	
h_w	m	Wasserhöhe	water level	niveau d'eau	0,25
V_D	m³	Dampfraum	steam space	espace de vapeur	1,5
$A_{D\,max}$	$\frac{m^3}{h}$	höchste Verdampfungsfähigkeit	maximum evaporative capacity	capacité maxima de vaporisation	2550

Vorkauf, H., Das Verhalten der Dampferzeuger bei starken Belastungsänderungen. Wärme, Bd. 56 (1933), S. 440.

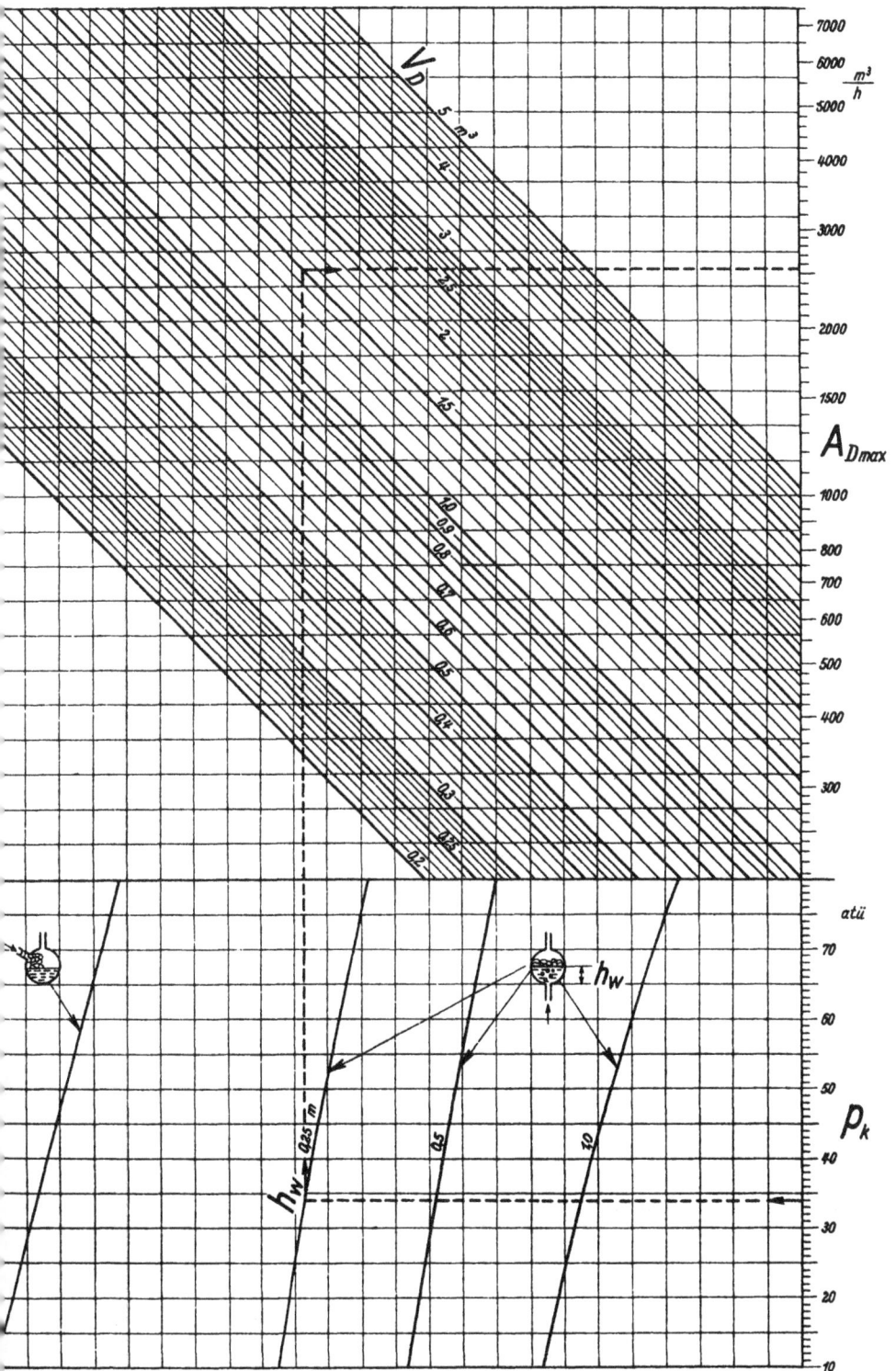

28

Dampf- und Wasserraum in Behältern.

Steam and Water Space in Containers. — Espace de vapeur et d'eau des réservoirs.

D_{sp}	m	Durchmesser des Behälters	diameter of container	diamètre du réservoir	0,8
h_W	m	Wasserhöhe	water level	niveau de l'eau	0,24
V_{sp}	m³	Behältervolumen	volume of container	volume du réservoir	1,5
V_W	m³	Wasserraum	water space	espace de l'eau	0,38
(V_D	m³	Dampfraum	steam space	espace de vapeur	1,12)

Handbuch der Brennstofftechnik (Koppers A.G.), Essen 1928.

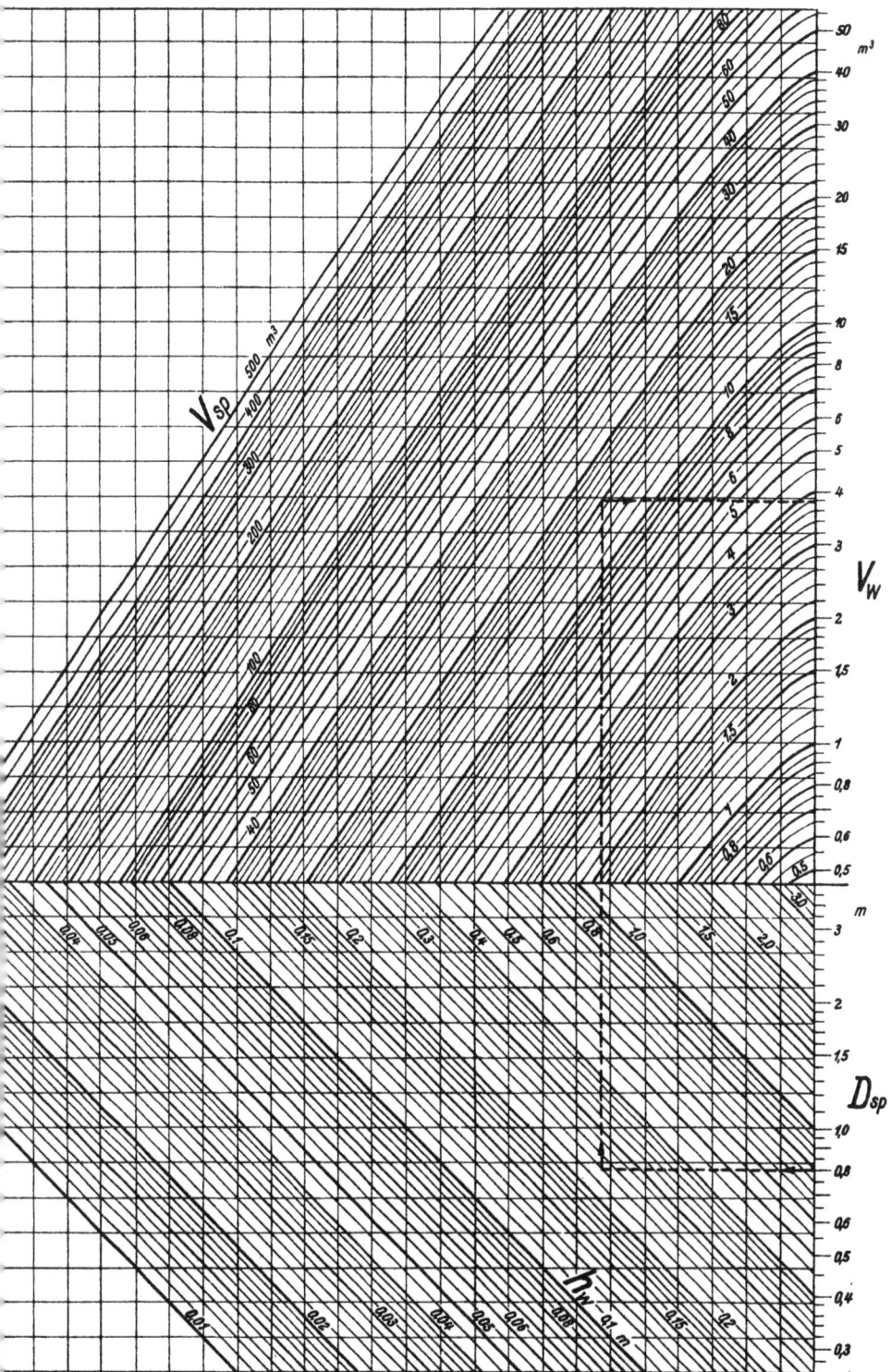

V_{SP} m^3

$500 \ m^2$
400
300
200

100
80
60
40

V_W

m

D_{sp}

h_W

29

Gefälle-Dampfspeicherung.

(1)

p_u	at abs	niedrigster Betriebsdruck	minimum working pressure	pression minima de fonctionnement	1,8
p_o	at abs	höchster Betriebsdruck	maximum working pressure	pression maxima de fonctionnement	13
g_{sp}	$\dfrac{kg}{m^3}$	gespeicherte Dampfmenge (je 1 m³ Wasserraum)	stored quantity of steam (per 1 m³ water space)	quantité de vapeur accumulée (par unité de volume de la chambre d'eau)	124,5

(2)

Speicherung im Kessel. — Steam Storage in the Boiler. — Accumulation de vapeur dans la chaudière.

p_u	at abs	niedrigster Betriebsdruck des Kessels	maximum working pressure of boiler	pression minima de fonctionnement de la chaudière	20,5
p_o	at abs	höchster Betriebsdruck	maximum working pressure	pression maxima de fonctionnement	22
g_{sp}	$\dfrac{kg}{m^3}$	Dampfentwicklung durch Druckabsenkung im Kessel (je 1 m³ Wasserraum)	steam produced by pressure-drop in the boiler (per 1 m³ water space)	production de vapeur par chute de pression dans la chaudière (par unité de volume de la chambre d'eau)	6,5

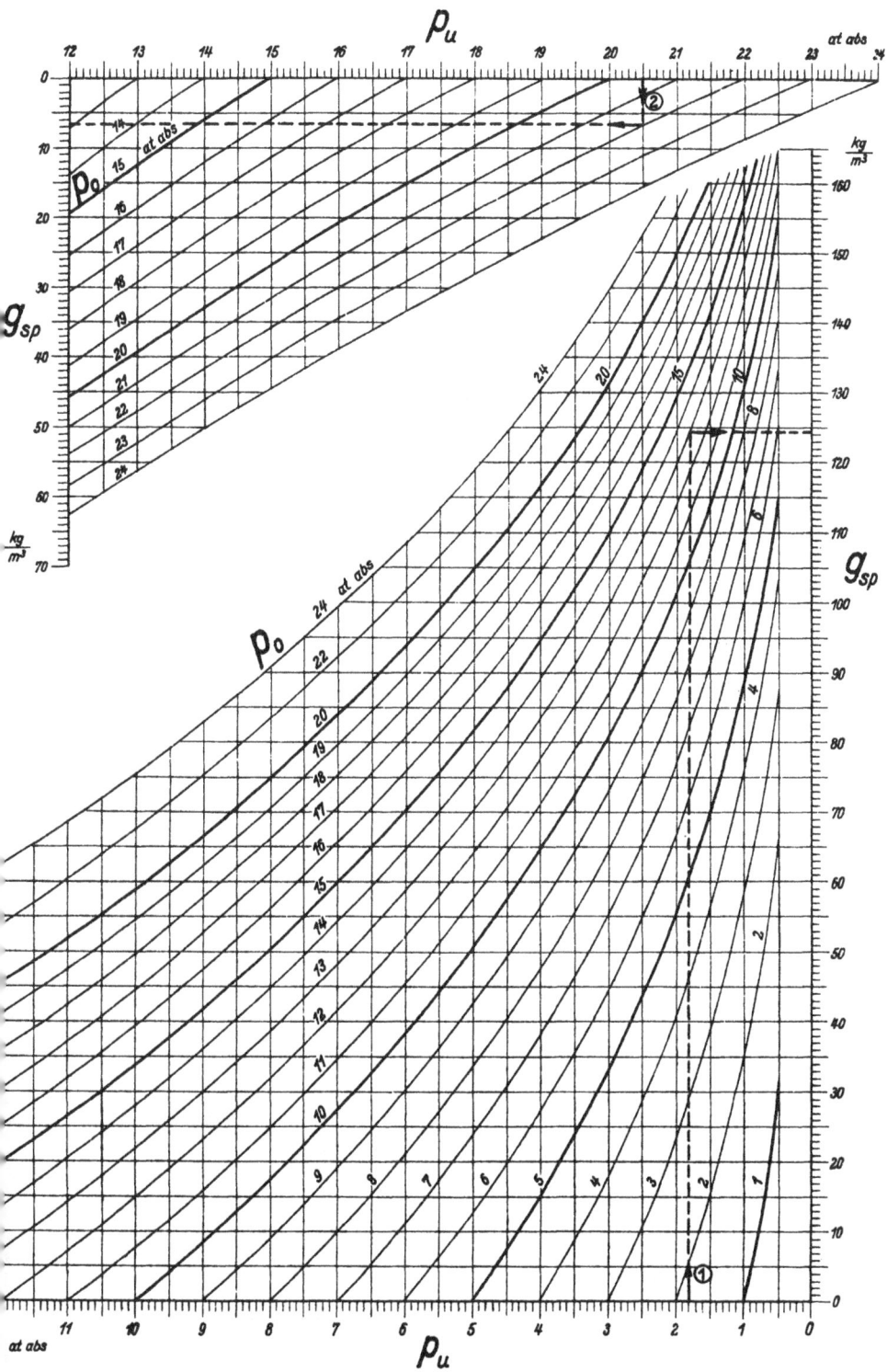

30

Gleichdruck-Dampfspeicherung.

Steam Storage at Constant Pressure. — Accumulation de vapeur à pression constante.

i_D	$\dfrac{\text{kcal}}{\text{kg}}$	Wärmeinhalt des Dampfes	heat content of steam	contenance thérmique de vapeur	799
p_{sp}	at abs	Speicherdruck	storage pressure	pression dans l'accumulateur	15
i_{Wo}	$\dfrac{\text{kcal}}{\text{kg}}$	Wärmeinhalt des Wassers bei Speicherdruck	heat content of water at storage pressure	contenance thérmique de l'eau à la pression dans l'accumulateur	201
t_{Wu}	°C	Temperatur des Speisewassers	temperature of feed water	températuredel'eau d'alimentation	38
m_{sp}	%	zusätzliche Speicherleistung	supplementary storage output	production d'appoint fournie par l'accumulateur	27,2

$$m_{sp} = \frac{i_{Wo} - i_{Wu}}{i_D - i_{Wo}} \cdot 100$$

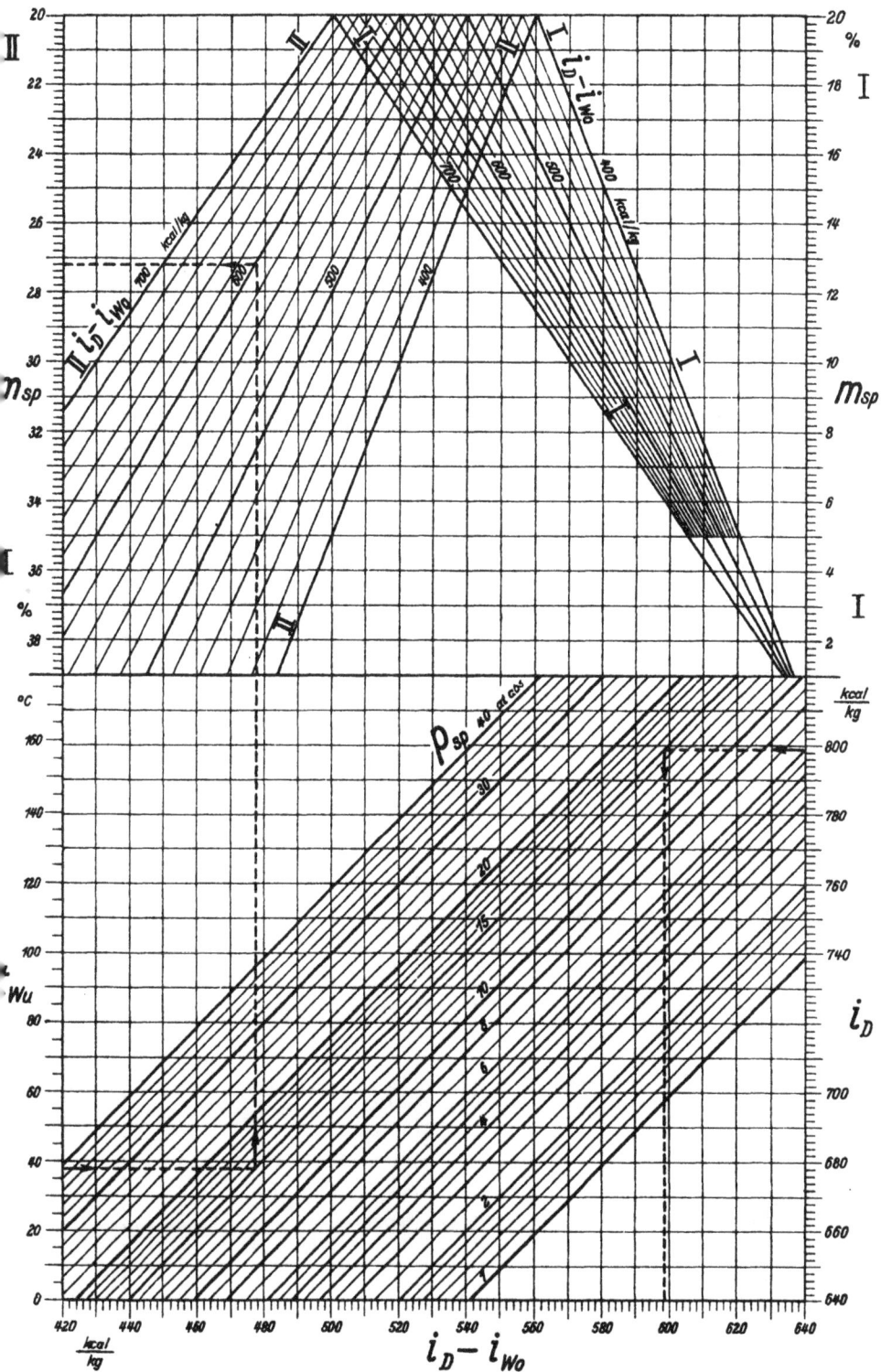

31

Verlust durch Abgaswärme.

Heat Loss by Flue Gases. — Perte de chaleur par les gaz de fumée.

t_R	^{0}C	Rauchgastempe- ratur	temperature of flue gases	température des gaz de fumée	189
t_a	^{0}C	Außentemperatur	outside tempera- ture	température exté- rieure	15
i_v	$\dfrac{\text{kcal}}{\text{Nm}^3}$	Verbrennungs- wärme	heat of combustion	chaleur de combus- tion	666
q_A	$^0/_0$	Verlust durch Ab- gaswärme	heat loss by flue gases	perte de chaleur par les gaz de fumée	8,9

$$q_A = \frac{0{,}34}{i_v}\,(t_R - t_a) \cdot 100$$

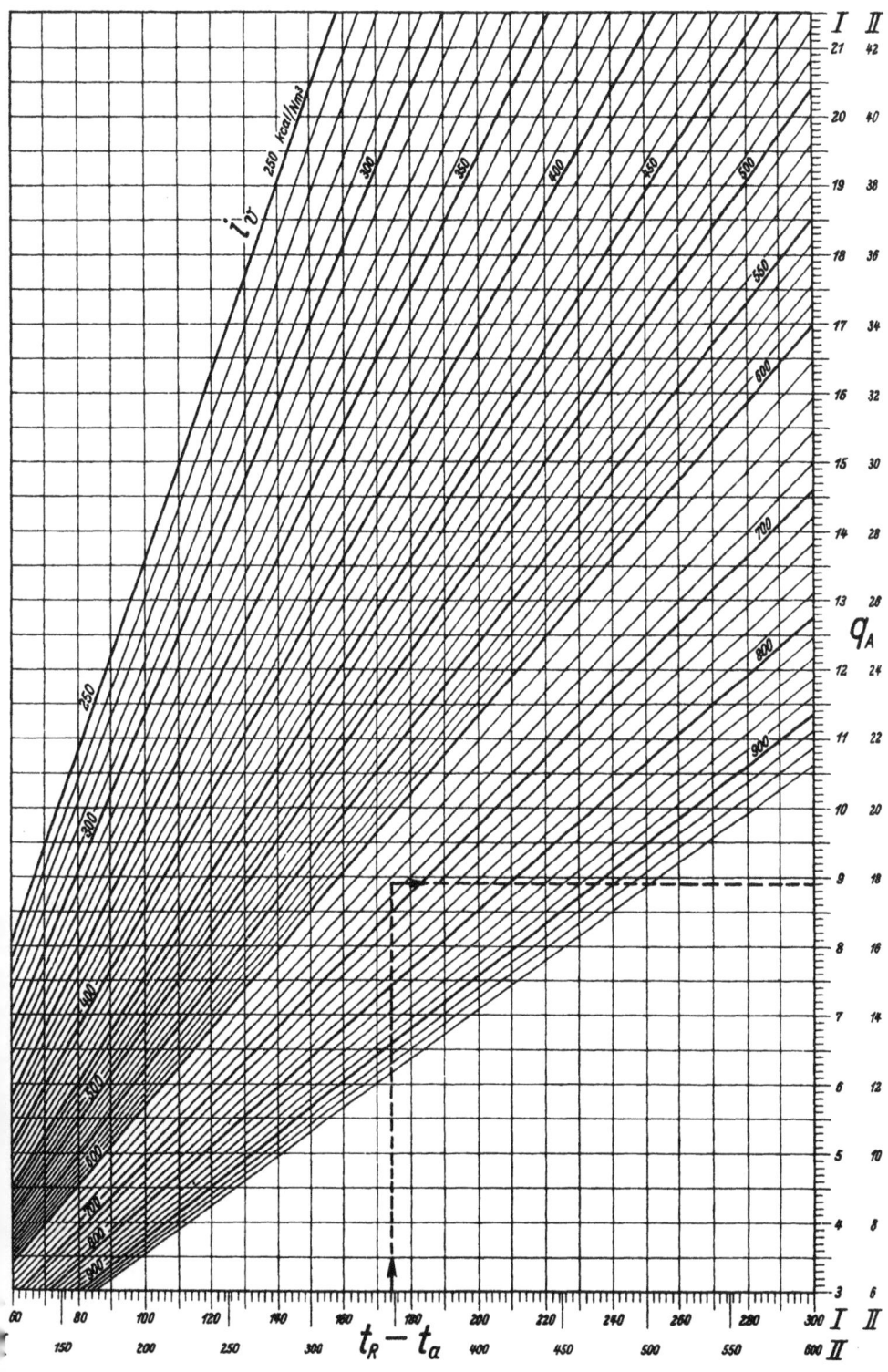

Verlust durch unvollkommene Verbrennung.

Heat Loss by Incomplete Combustion. — Perte de chaleur par combustion incomplète.

v [CO] $\%$	Volumanteil des Kohlenoxyds	carbon monoxide, parts by volume	proportion en volume de l'oxyde du carbon	0,55
v [CO_2] $\%$	Volumanteil der Kohlensäure	carbon dioxide, parts by volume	proportion en volume de l'acide carbonique	13,9
	Brennstoffart	kind of fuel	nature du combustible	SK
q_U $\%$	Verlust durch unvollkommene Verbrennung	heat loss by incomplete combustion	perte de chaleur par combustion incomplète	2,3

Brennstoffarten. — Kinds of Fuel. — Nature du combustible.

SK	Steinkohle	bituminous coal	charbon bitumineux	
BK 40	Braunkohle (Wassergehalt 40%)	lignite (water content 40%)	lignite (teneur en eau 40%)	
HO	Heizöl	fuel oil	fuel oil	H_u
GiG	Gichtgas	blast-furnace gas	gaz de haut-fourneau	900/1100
GeG	Generatorgas	producer gas	gaz de gazogène	1100/1200
MiG	Mischgas	Dowson gas	gaz mixte	1300/1500
GrG	Reichgas	rich gas	gaz riche	4000/6000 kcal/Nm^3

Gumz, W., Feuerungstechnisches Rechnen. Leipzig 1931.

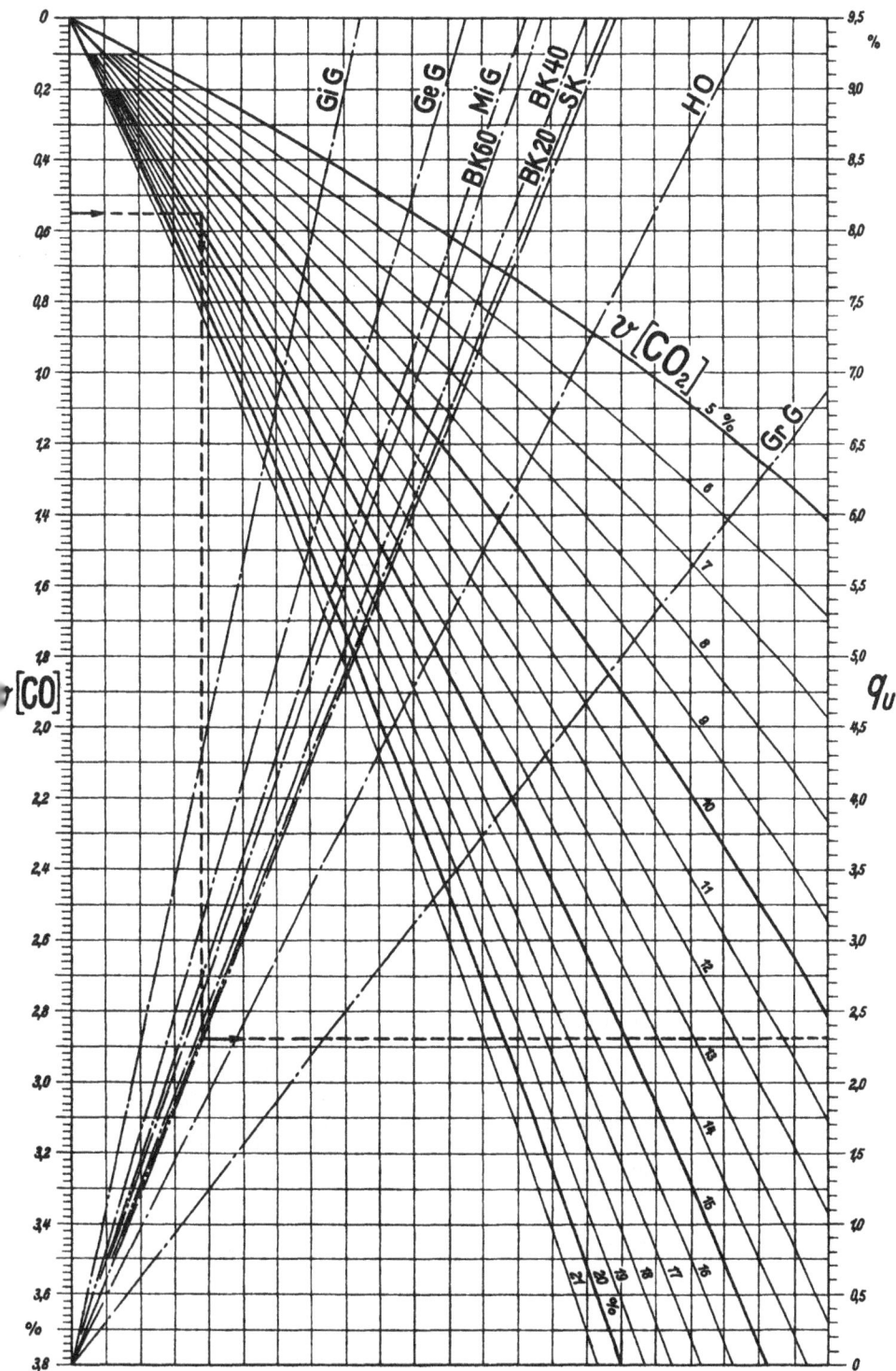

Verlust durch Brennbares in den Rückständen.

Heat Loss by Combustible Matter
Perte de chaleur par les imbrûlés.

I.

a	$^0/_0$	Aschengehalt der Kohle	ash content of coal	teneur en cendres du charbon	6,5
β	$^0/_0$	Brennbares in den Feuerungsrückständen	combustible matter in furnace residue	proportion des imbrûlés dans les résidus	24
r	$^0/_0$	Feuerungsrückstände (und Flugasche)	furnace residue (and flue dust)	résidus de la combustion (et cendres volantes)	8,6
H_u	$\dfrac{kcal}{kg}$	unterer Heizwert	net calorific value	puissance calorifique nette	7100
q_C	$^0/_0$	Verlust durch Brennbares	heat loss by combustible matter	perte de chaleur par les imbrûlés	2,3

$$\boxed{\, q_C = \frac{\beta \cdot r}{100} \cdot \frac{8000}{H_u} = \frac{\beta}{100 - \beta} \cdot \frac{a \cdot 8000}{H_u} \,}$$

II. Einfluß auf andere Wärmeverluste. — Influence on Other Heat Losses. — Influence sur les autres pertes de chaleur.

$$\boxed{\, q_{A\,korr} = q_A \,(100 - q_C) \,} \qquad \boxed{\, q_{u\,korr} = q_u \,(100 - q_C) \,}$$

q_C	$^0/_0$	Verlust durch Brennbares	heat loss by combustible matter	perte de chaleur par les imbrûlés	2,3
q_A	$^0/_0$	Verlust durch Abgaswärme	heat loss by flue gases	perte de chaleur par les gaz de fumée	8,9
$q_{A\,korr}$	$^0/_0$	korrigierter Wert des Verlustes durch Abgaswärme	corrected value of heat loss by flue gases	valeur corrigée de la perte de chaleur par les gaz de fumée	8,7
q_r	$^0/_0$	Verlust durch unvollkommene Verbrennung	heat loss by incomplete combustion	perte de chaleur par combustion incomplète	2,3
$q_{r\,korr}$	$^0/_0$	korrigierter Wert des Verlustes durch unvollkommene Verbrennung	corrected value of heat loss by incomplete combustion	valeur corrigée de la perte de chaleur par combustion incomplète	2,24

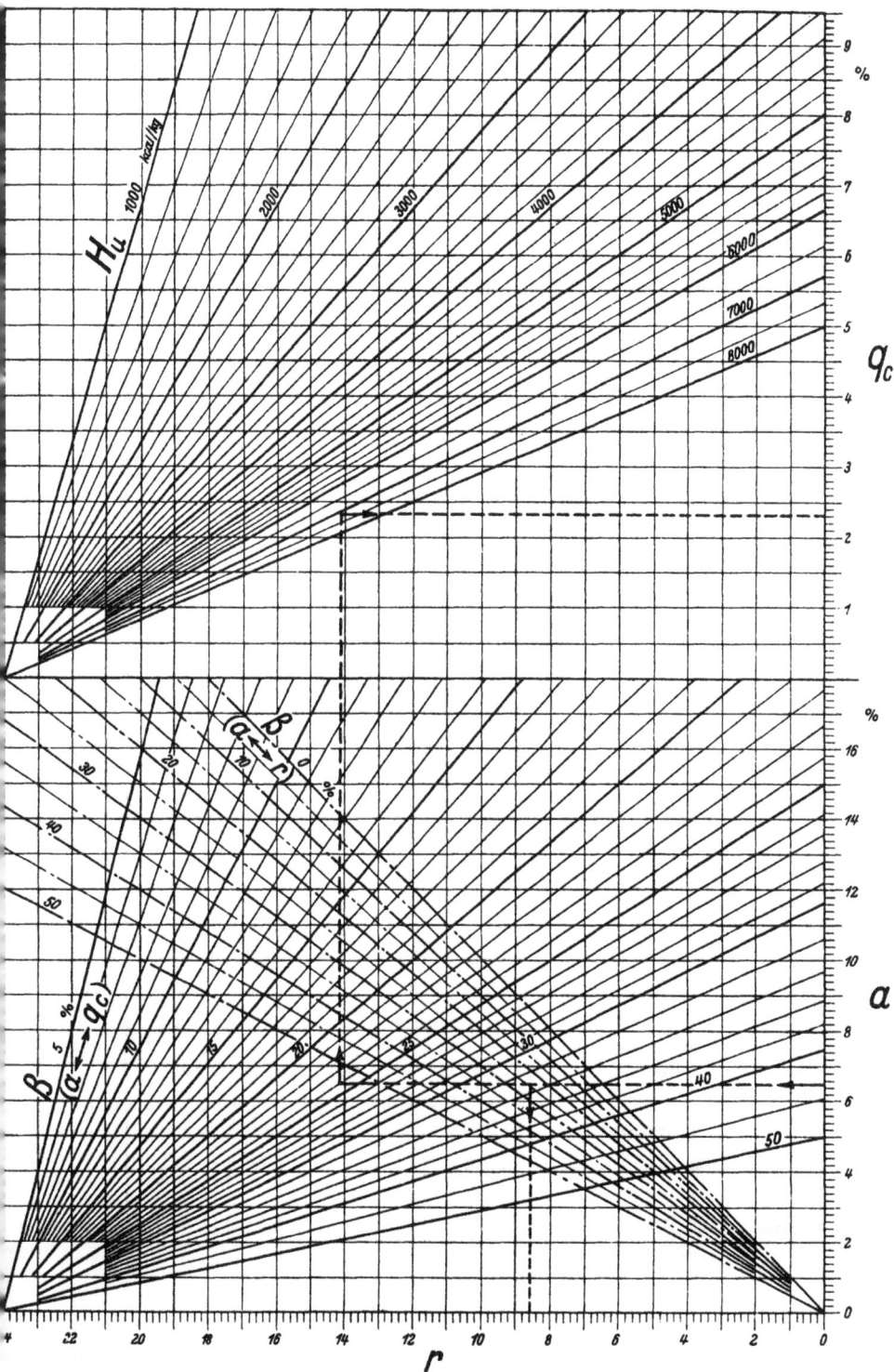

Verlust durch Strahlung und Leitung.

Heat Loss by Radiation and Conduction. — Perte de chaleur par rayonnement et conductibilité.

I.

t_o	°C	Temperatur der Kesseloberfläche	surface temperature of boiler	température superficielle de la chaudière	57
t_a	°C	Außentemperatur	outside temperature	température extérieure	15
$\varkappa_{mit}$	$\dfrac{kcal}{m^2\,h\,°C}$	mittlere Wärmedurchgangszahl	mean coëfficient of heat transmission	coefficient moyen de transmission thérmique	12
F_o	m²	Kesseloberfläche	area of boiler surface	surface de la chaudière	600
Q_f	$\dfrac{10^6\,kcal}{h}$	Feuerungsleistung	rate of combustion	allure de la combustion	9,6
q_o	%	Verlust durch Strahlung und Leitung	heat loss by radiation and conduction	perte de chaleur par rayonnement et conductibilité	3,15

$$q_o = \frac{\varkappa_{mit} \cdot F_o\,(t_o - t_a)}{Q_f} \cdot 100$$

II.   **Mittelwerte. — Mean Value. — Valeurs moyennes**

F_k	m²	Heizfläche des Kessels	heating surface of the boiler	surface de chauffe de la chaudière	300
		Kesselart	kind of boiler	type de chaudière	I—II
$(q_o)_{mit}$	%	mittlerer Verlust durch Strahlung	average heat loss by radiation	perte de chaleur moyenne par rayonnement	3—4

Kesselarten. — Kinds of Boiler. — Type de chaudière

I—II	Strahlungskessel	radiation boiler	chaudière à rayonnement
II—III	Kessel mit teilweiser Strahlungsheizfläche	boiler with part radiant-heating surface	chaudière à surfaces de chauffe partielles par rayonnement
III—IV	normale Wasserrohrkessel	normal water tube boiler	chaudière normale à tubes d'eau
V	Flammrohrkessel	internally-fired boiler	chaudière à tubefoyer

Praetorius, E., Strahlungs- und Abkühlungsverluste von Kesseln. Arch. Wärmew., Bd. 13 (1932), S. 157.

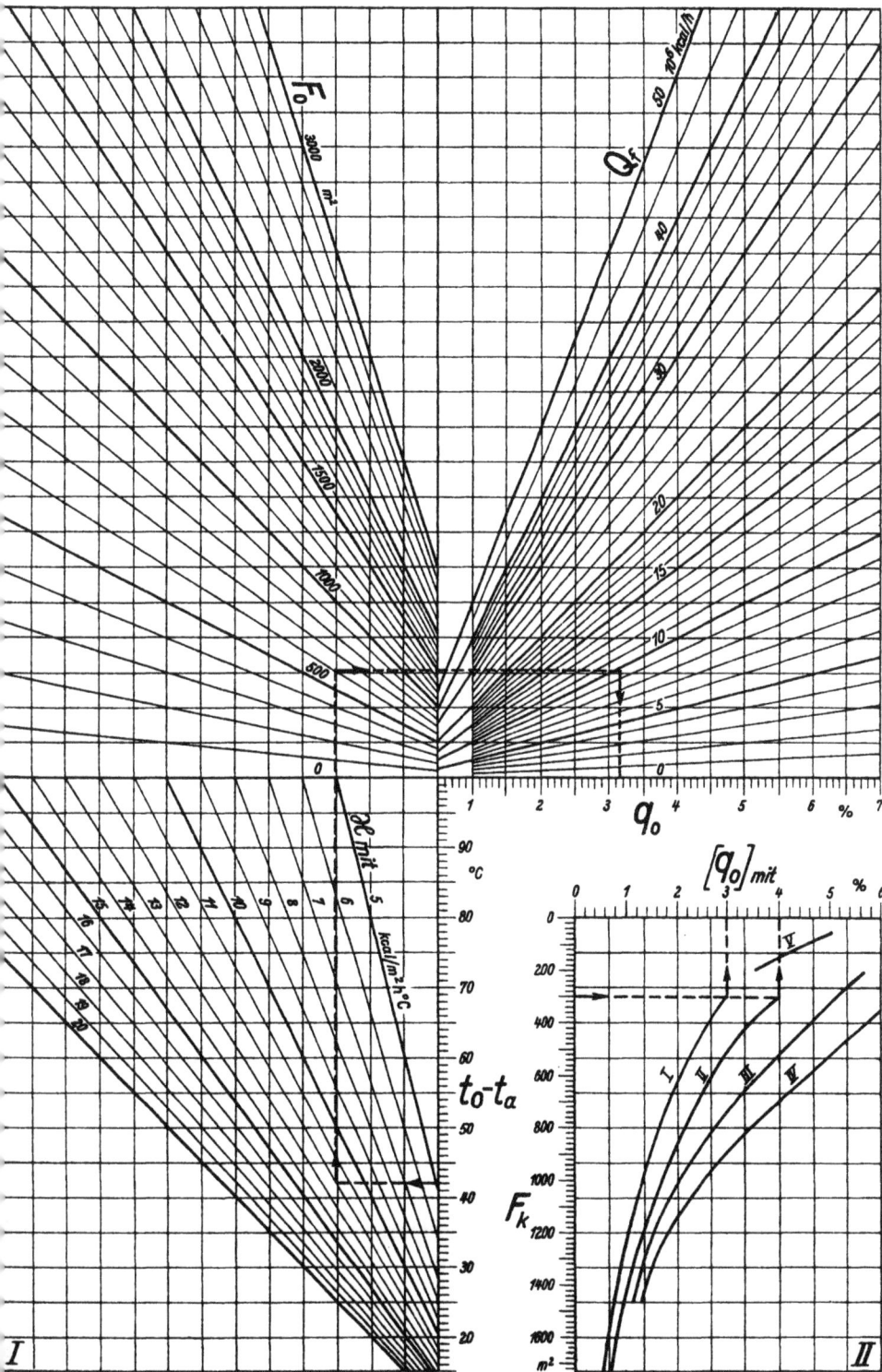

F_0

3000 m^2

2000

1500

1000

500

0

Q_F

50 10^3 kcal/h

40

30

20

15

10

5

0

q_0

1 2 3 4 5 6 % 7

$\varkappa_{mit}$

5 6 7 8 9 10 11 12 13 14 15 16 17 18 19 20

kcal/m²h°C

90

80 °C

70

60

50

40

30

20

t_0-t_a

$[q_0]_{mit}$

0 1 2 3 4 5 % 6

0

200

400

600

800

1000

1200

1400

1600

1800 m^2

F_k

I II III IV

I

II

Verdampfzahl und Wirkungsgrad.

Evaporation Ratio and Efficiency. — Coefficient de vaporisation et rendement.

M_B	t/h	stündlicher Brenn-stoffverbrauch	consumption of fuel per hour	consommation ho-raire de combus-tible	1,35
M_k	t/h	Kesselleistung	boiler output	production de la chaudière	10,5
e_b	$\dfrac{kg}{kg}$	Brutto-Verdampf-zahl	evaporation ratio (actual)	coefficient de va-porisation brut	7,8
i_D	$\dfrac{kcal}{kg}$	Wärmeinhalt des Dampfes	heat content of the steam	contenance thér-mique de vapeur	799
i_W	$\dfrac{kcal}{kg}$	Wärmeinhalt des Speisewassers	heat content of feed water	contenance thér-mique de l'eau d'alimentation	38
e_n	$\dfrac{kg}{kg}$	Netto-Verdampf-zahl	evaporation ratio (reduced to steam at 100° from water at 0°C)	coefficient de vapo-risation net (rap-portée à la va-peur à 100° et à l'eau à 0° C)	9,25
H_u	$\dfrac{kcal}{kg}$	unterer Heizwert	net calorific value	puissance calori-fique nette	7100
η_k	%	Kesselwirkungs-grad	boiler efficiency	rendement de la chaudière	83,5

$$e_b = \frac{M_k}{M_B} \quad\Big|\quad e_n = \frac{M_k}{M_B} \cdot \frac{i_D - i_W}{640} \quad\Big|\quad \eta_k = \frac{M_k}{M_B} \cdot \frac{i_D - i_W}{H_u}$$

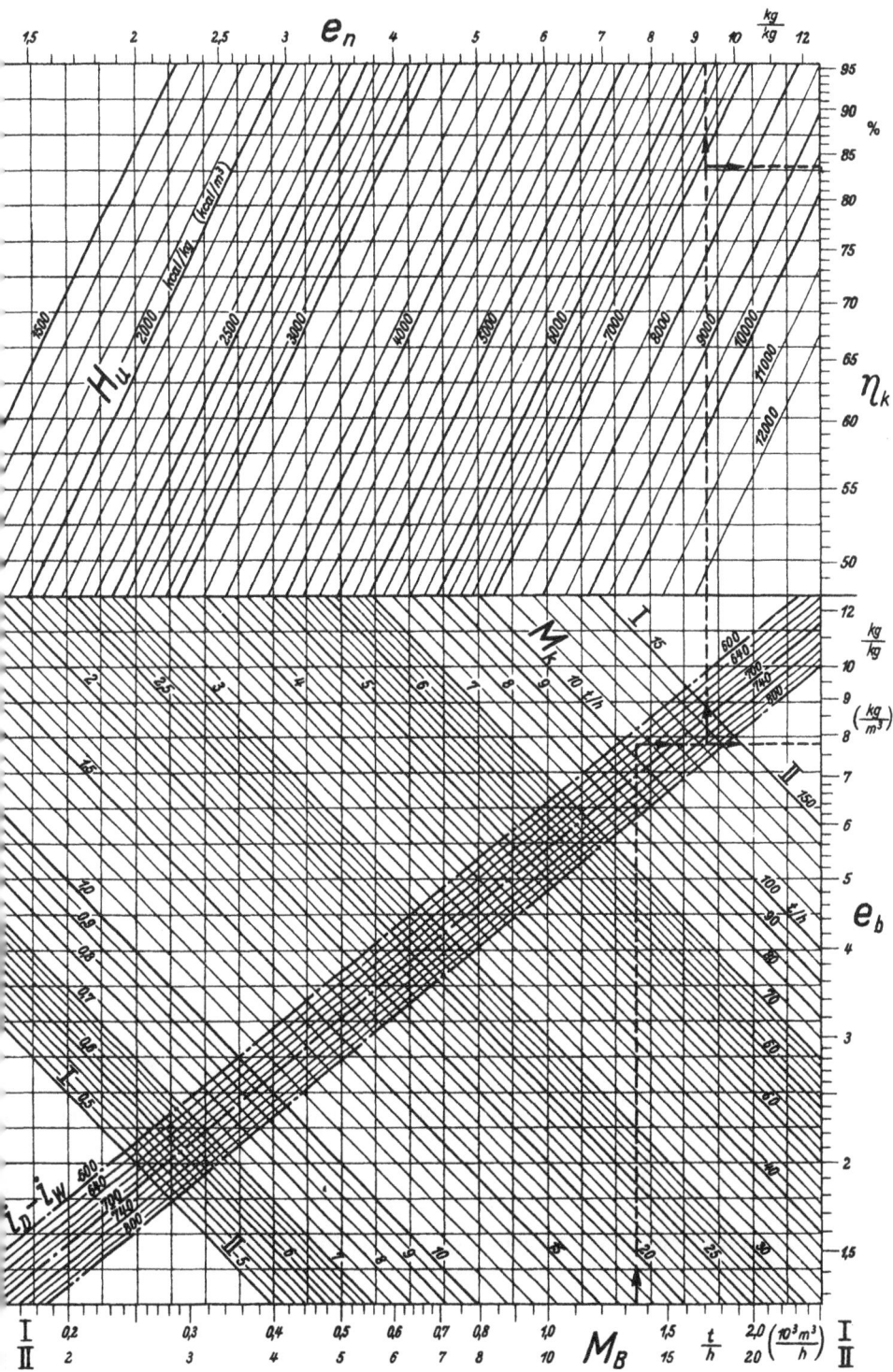

36

Vergleichswerte für Wirkungsgrad und Verluste.
Comparative Values of Efficiency and Heat Losses.
Valeurs comparatives du rendement et des pertes de chaleur.

I. Verlauf der Verluste in Abhängigkeit von der Kesselbelastung (neuzeitlicher Hochleistungskessel). — **Relation between Heat Losses and Boiler Output** (modern high-power boilers). — **Relation entre les pertes de chaleur et la production de la chaudière** (chaudières modernes à grande production).

b	%	Teillast	partial load	charge partielle	80
q_A	%	Verlust (durch Abgaswärme)	heat loss (by flue gases)	perte de chaleur (par les gaz de fumée)	4,6
m_A	%	Verlustleistung (bez. auf Vollast)	loss of output (referred to full load)	perte de production (par rapport à la pleine charge)	3,7

II. Mittelwert der Verluste verschiedener Feuerungsarten. — Mean Value of Heat Losses of Different Kinds of Furnace. — Valeur moyenne des pertes de chaleur pour les types differents de foyers.

Feuerungsarten. — Kinds of Furnace. — Types de foyers.

PRH	Planrost mit Handbeschickung	flat grate with hand-firing	grille horizontale avec chargement à la main
PRW	Planrost mit Wurfbeschickung	flat grate (sprinkling stoker)	grille horizontale avec chargement par projection
WR	Wanderrost	travelling grate	grille à chaine sans fin
sTR	starrer Treppenrost	rigid step-grate furnace	grille à gradins fixes
ZR	Zonenwanderrost	compartemented travelling grate	grille à chaine sans fin avec compartiments
UF	Unterschubfeuerung	underfeed stoker	foyer avec chargeur à poussoir inférieur
KF	Kohlenstaubfeuerung	pulverised coal furnace	foyer à charbon pulverisé
RF	Rückschubfeuerung	mechanical stoker with backfeed slicing action	foyer avec chargeur à poussoir arrière
mTR	mechanischer Treppenrost	mechanical stepped-grate	grille à gradins mobiles

Kohlenarten. — Kinds of Coals. — Nature du charbon.

nFK	Fett-Nußkohle	bituminous nuts	charbon gras en noisettes
fMK	Mager-Feinkohle	semi-anthracitic slack	charbon maigre fin
GfK	Gasflammkohle	medium-rank bituminous coal	charbon à longues flammes
$gSKs$	Schwelkoksgrus	semi-coke breeze	poussier de coke
BK	Braunkohle	lignite	lignite
WB	Waschberge	washery waste	tas de résidus de lavage

I. Flasdieck, Mittelbare Messung des Kesselwirkungsgrades in einem holländischen Kraftwerk. Wärme, Bd. 56 (1933), S. 731
II. Praetorius, E., Billige Kessel, billiger Dampf. Berlin 1932.

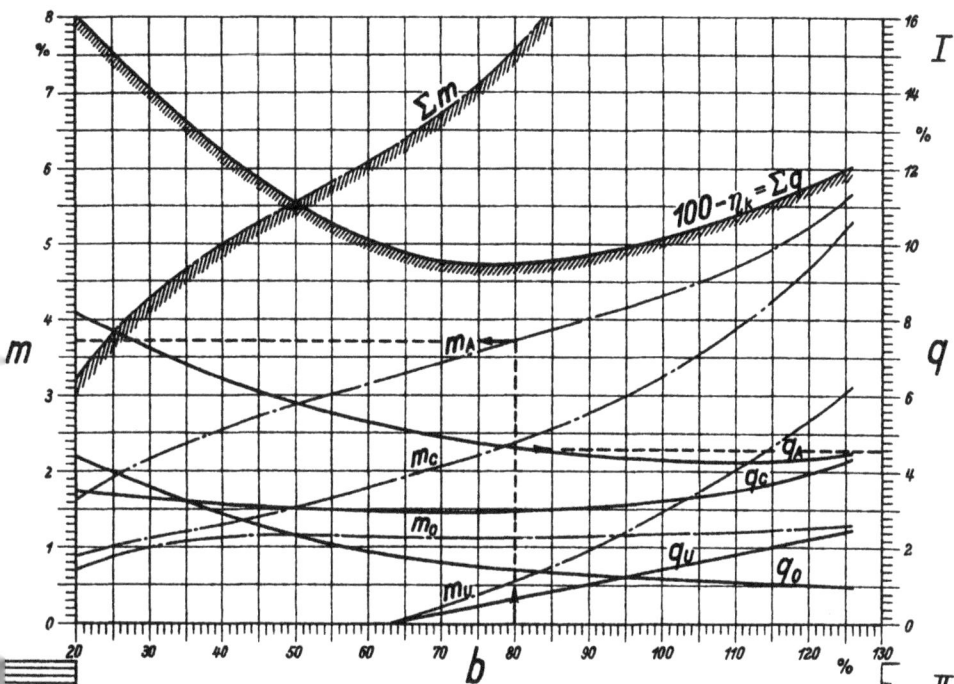

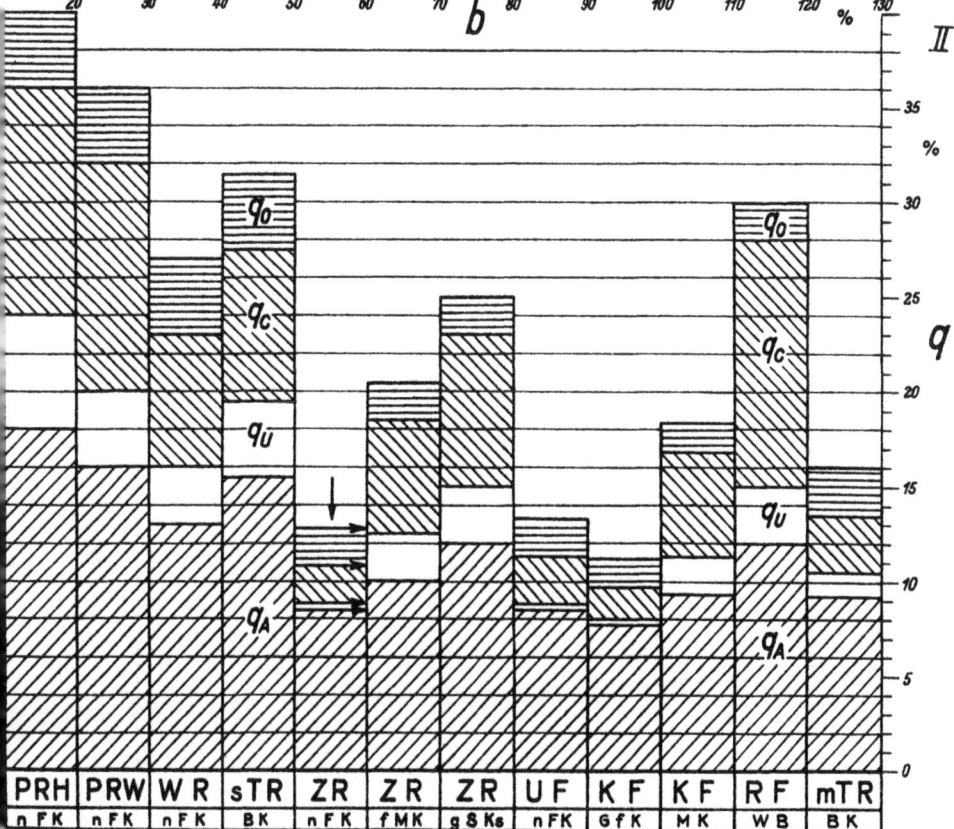

Wärmeausnutzung im Vorwärmer.

q_{ak}	%	Verlust durch Abgaswärme am Kesselende	heat loss by flue gases at the end of the boiler	perte de chaleur par les gaz de fumeé à la sortie de la chaudière	23,5
q_{ar}	%	Verlust durch Abgaswärme hinter dem Vorwärmer	heat loss by flue gases leaving the economiser	perte de chaleur par les gaz de fumée à la sortie du préchauffeur	8,9
η_v	%	Ausnutzungsgrad des Vorwärmers	efficiency of the preheater	rendement du préchauffeur	90
Q_f	$\dfrac{10^6 \, \text{kcal}}{\text{h}}$	Feuerungsleistung	rate of combustion	allure de la combustion	9,6

$$①$$

M_k	t/h	Kesselleistung	boiler output	production de la chaudière	10,5
t_{w1}	°C	Wassertemperatur vor dem Vorwärmer	water temperature before the economiser	température de l'eau à l'entrée de l'économiseur	38
t_{wr}	°C	Temperaturzunahme im Wasservorwärmer	temperature rise in economiser	accroissement de température dans l'économiseur	120
t_{w2}	°C	Wassertemperatur nach dem Vorwärmer	water temperature after the economiser	température de l'eau à la sortie de l'économiseur	158

$$②$$

A_L	$\dfrac{10^3 \, \text{Nm}^3}{\text{h}}$	stündliche Luftmenge	quantity of air per hour	quantité d'air par heure	13,0
t_{L1}	°C	Lufttemperatur vor dem Vorwärmer	air temperature before the air preheater	température de l'air à l'entrée du préchauffeur	15
t_{Lr}	°C	Temperaturzunahme im Vorwärmer	temperature rise in air preheater	accroissement de température dans le préchauffeur d'air	310
t_{L2}	°C	Lufttemperatur nach dem Vorwärmer	air temperature after the air preheater	température de l'air à la sortie du préchauffeur	325

Schultes, W., Speisewasser- oder Luftvorwärmer. Wärme, Bd. 55 (1932), S. 813.

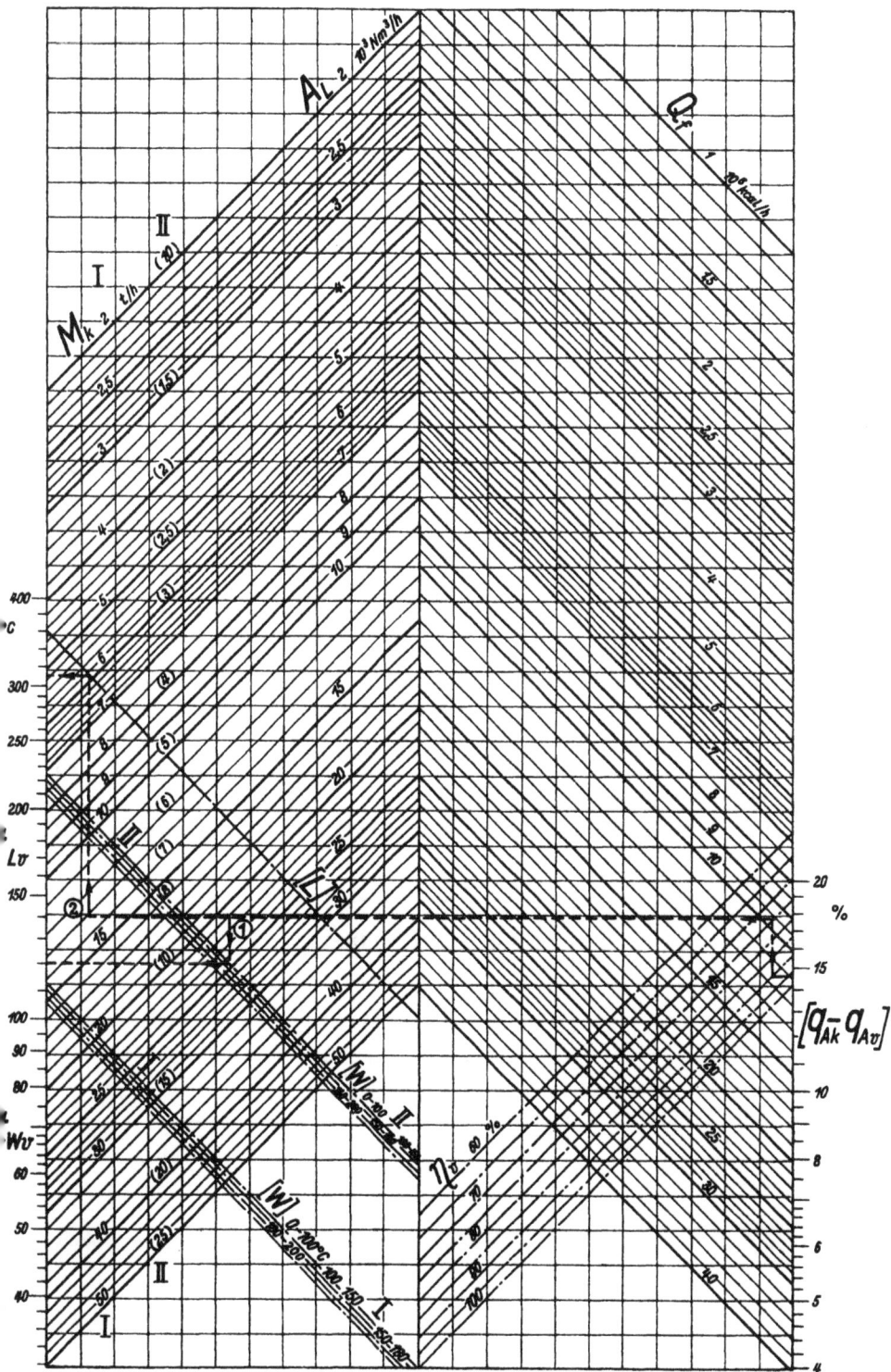

| 38 |

Energiebedarf für Hilfsmaschinen.

Power Required for Auxiliaries. — Quantité d'énergie nécessaire aux machines auxiliaires.

①

I. Speisewasserpumpe. — Feed Water Pump. — Pompe à l'eau d'alimentation.

A_W	$\frac{m^3}{h}$	stündliche Wassermenge	quantity of water per hour	quantité d'eau par heure	10,5
p_{Wp}	atü	Pumpendruck	pump pressure	pression de la pompe	40
η_{Wp}	%	Pumpenwirkungsgrad	pump efficiency	rendement de la pompe	75
N_{Wp}	kW (PS)	Pumpenleistung	power to drive pump	débit de la pompe	15,3 (20,8)

②

II. Luftpumpe. — Air Pump. — Pompe à l'air.

A_L	$\frac{10^3\,m^3}{h}$	stündliche Luftmenge	quantity of air per hour	quantité d'air par heure	13
p_{Lp}	mm H$_2$O	Pumpendruck	pump pressure	pression de pompe	120
η_{Lp}	%	Pumpenwirkungsgrad	efficiency of pump	rendement de la pompe	60
N_{Lp}	kW (PS)	Pumpenleistung	power to drive pump	débit de la pompe	7,1 (9,6)

$$N_{Wp} = \frac{A_W \cdot p_{Wp}}{0,27 \cdot \eta_{Wp}} \quad (PS)$$

$$N_{Lp} = \frac{A_L \cdot p_{Lp}}{2,7 \cdot \eta_{Lp}} \quad (PS)$$

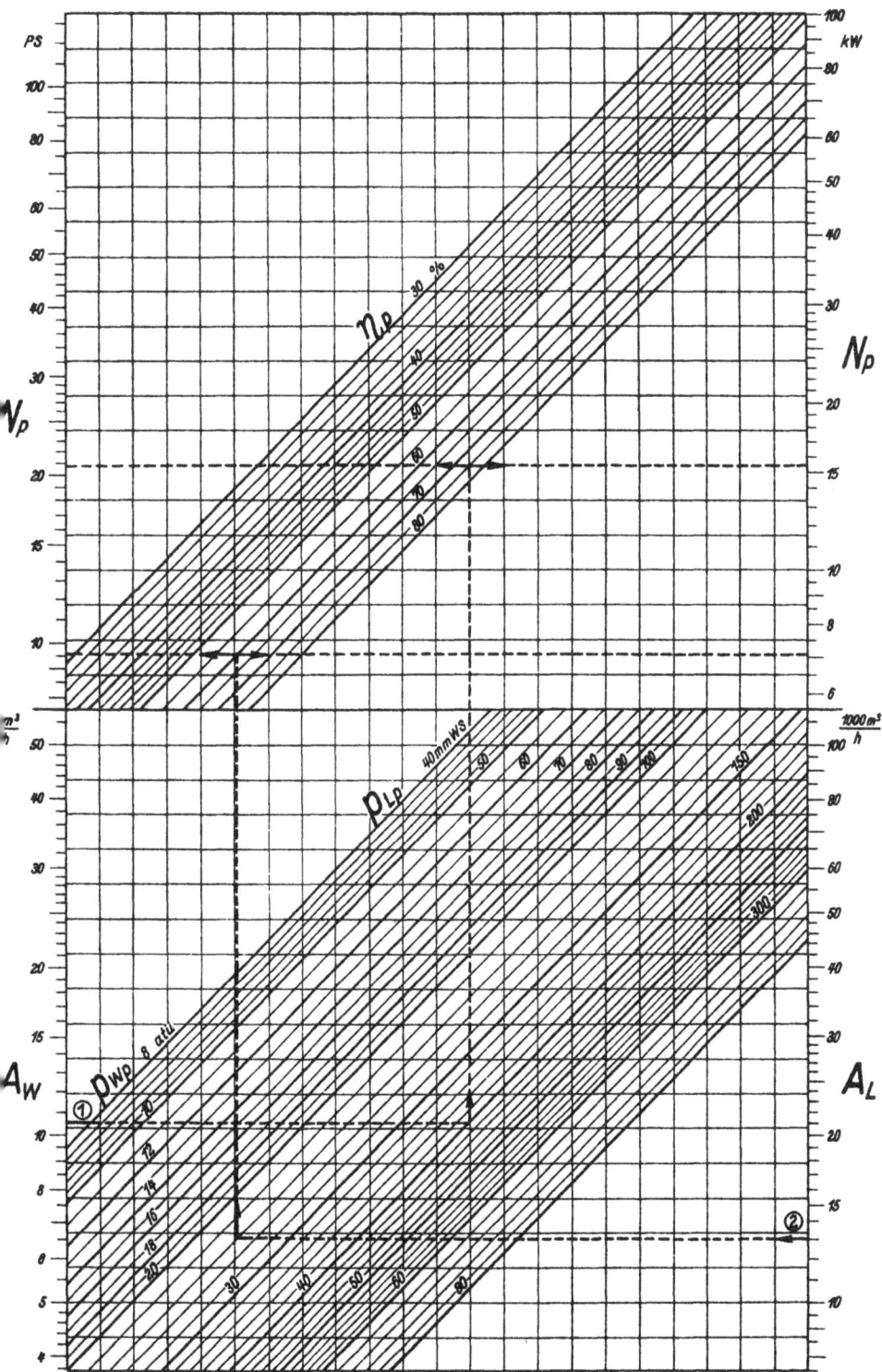

Brennstoffkosten.

Fuel Costs. — Coût du combustible.

H_u	$\dfrac{\text{kcal}}{\text{kg}}$	unterer Heizwert	net calorific value	puissance calorifique nette	7100
k_B	M/t	Brennstoffpreis	cost of fuel	prix du combustible	18,50
k_Q	$\dfrac{\text{M}}{10^6\,\text{kcal}}$	Wärmekosten	heat costs	coût de la calorie	2,60
η_k	$^0/_0$	Kesselwirkungsgrad	boiler efficiency	rendement de la chaudière	83,5
k_{Qk}	$\dfrac{\text{M}}{10^6\,\text{kcal}}$	Wärmekosten im erzeugten Dampf	heat costs of steam generated	coût de la calorie contenue dans la vapeur produite	3,10
i_D	$\dfrac{\text{kcal}}{\text{kg}}$	Wärmeinhalt des Dampfes	heat content of steam	contenance thérmique de vapeur	799
i_W	$\dfrac{\text{kcal}}{\text{kg}}$	Wärmeinhalt des Speisewassers	heat content of feed water	contenance thérmique de l'eau d'alimentation	38
k_{DB}	M/t	Kostenanteil für Brennstoff	fuel costs of steam generation	part des dépenses pour le combustible	2,35

$$k_Q = \frac{10^3 \cdot k_B}{H_u} \qquad k_{Qk} = \frac{10^3 \cdot k_B}{\eta_k \cdot H_u} \qquad k_{DB} = \frac{k_B\,(i_D - i_W)}{H_u \cdot \eta_k}$$

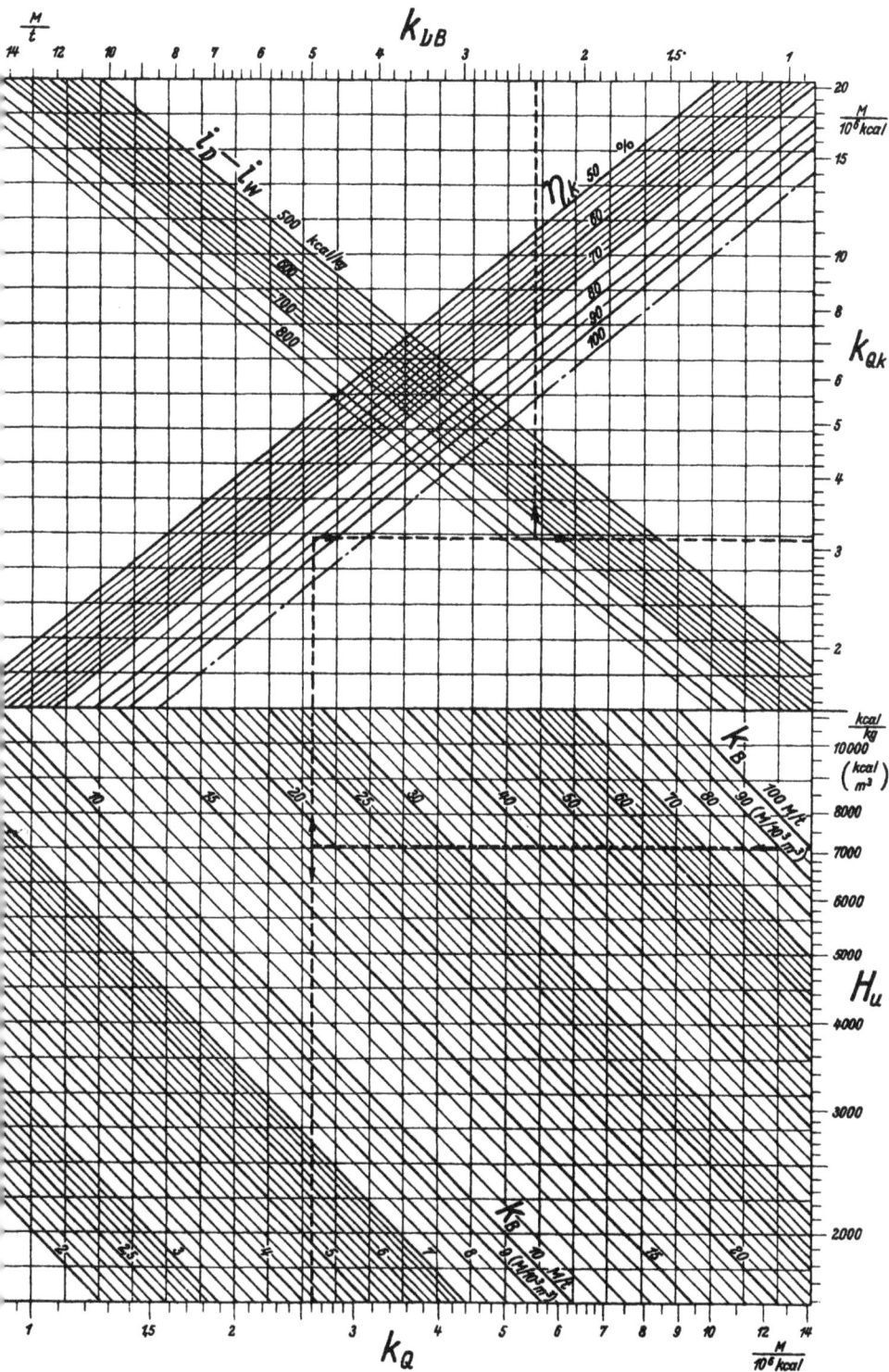

Kapitalkosten.

Capital Costs. — Dépenses pour la rénumération du capital.

I.

k_E	$\dfrac{M}{t/h}$	spezifische Anlage-kosten	specific capital costs	dépenses spéci-fiques de premier établissement	16000
α_z	$\dfrac{\%}{a\,*)}$	Zinssatz	rate of interest	taux de l'intérêt	6,0
α_y	$\dfrac{\%}{a}$	Amortisationssatz	rate of redemption	taux de l'amor-tissement	4,3
b_J	h/a	Jahresbenutzungs-dauer	load duration per year	nombre d'heures de marche par an	2600
k_{DE}	M/t	Kostenanteil für Kapitaldienst	capital charges in steam cost	part de dépenses pour la rénumé-ration du capital	0,63

$$k_{DE} = \frac{k_E\,(\alpha_z + \alpha_y)}{b_J}$$

II. Amortisation. — Redemption. — Amortissement.

α_z	$\dfrac{\%}{a}$	Zinssatz	rate of interest	taux de l'intérêt	6,0
y	a	Lebensdauer	life duration	durée	15
α_y	$\dfrac{\%}{a}$	Amortisationssatz	rate of redemption	taux de l'amortisse-ment	4,3

$$\alpha_y = \frac{\alpha_z}{(1 + \alpha_z/100)^y - 1}$$

---

*) a   Jahre — years — années.

$\dfrac{\%}{a}$ Prozent im Jahr — per cent per year — percentage par an.

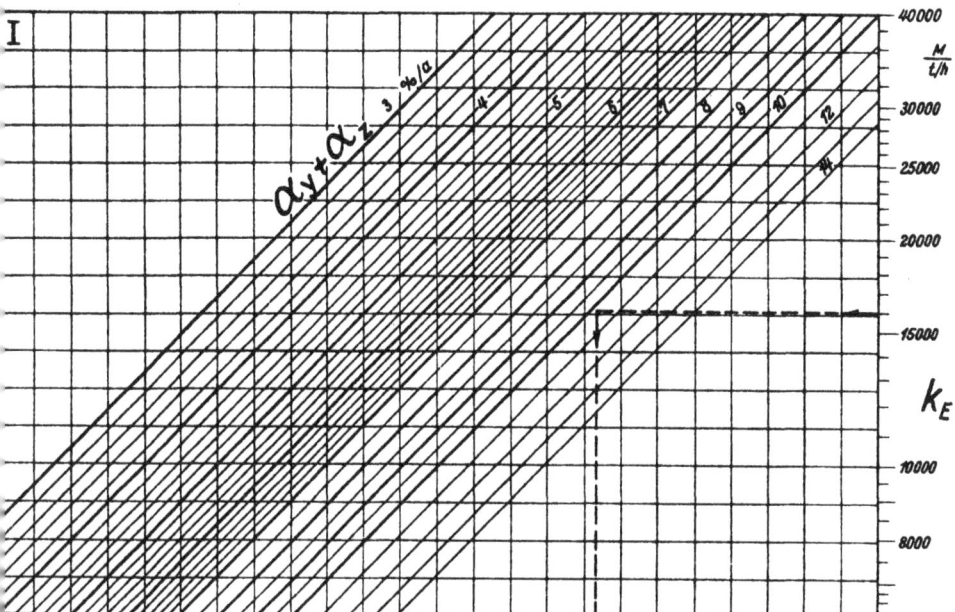

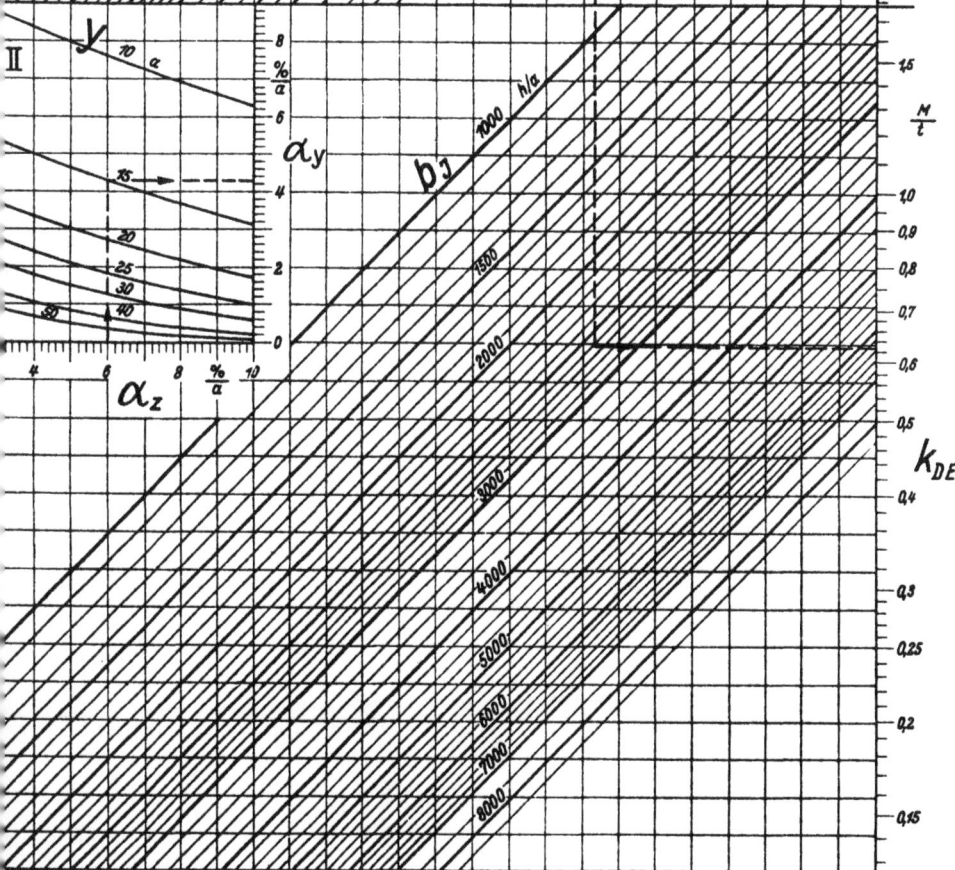

www.ingramcontent.com/pod-product-compliance
Lightning Source LLC
Chambersburg PA
CBHW031449180326
41458CB00002B/709